Johannes Frischauf

Vorlesungen über Kreis- und Kugelfunktionen

Johannes Frischauf

Vorlesungen über Kreis- und Kugelfunktionen

ISBN/EAN: 9783744606349

Hergestellt in Europa, USA, Kanada, Australien, Japan

Cover: Foto ©berggeist007 / pixelio.de

Weitere Bücher finden Sie auf **www.hansebooks.com**

VORLESUNGEN

ÜBER

KREIS- UND KUGEL-FUNCTIONEN-REIHEN.

VON

Dr. JOHANNES FRISCHAUF,

PROFESSOR AN DER UNIVERSITÄT GRAZ.

LEIPZIG,

DRUCK UND VERLAG VON B. G. TEUBNER.

1897.

Vorwort.

Der Verfasser dieser kleinen Schrift pflegt in seinen Vorlesungen über Analysis die trigonometrischen Reihen jedesmal, die Kugelfunctionen abwechselnd mit ausgewählten Capiteln aus der Integralrechnung soweit zu behandeln, dass der Studirende im Stande ist, die Kugelfunctionen in der mathematischen Physik mit Erfolg anwenden zu können. Diese Vorträge bilden den Inhalt der vorliegenden Schrift; man darf daher kein Specialwerk erwarten, in welchen Untersuchungen auf Functionen angewendet werden, die vielleicht in der Natur gar nicht vorkommen, sondern nur theoretisches Interesse bieten. Die Beschränkung auf die gewöhnlichen bisher in der Naturwissenschaft verwendeten Functionen dürfte umsomehr gerechtfertigt sein, da dies selbst Riemann in seinen Vorlesungen gethan zu haben scheint, wie dies aus den von K. Hattendorf herausgegebenen „Vorlesungen über partielle Differentialgleichungen und deren Anwendung auf physikalische Fragen" hervorgeht, in welchen Riemann gerade den Kern seiner berühmten Arbeit „Ueber die Darstellbarkeit einer Function durch eine trigonometrische Reihe" (Gesammelte Werke, XII) unberührt gelassen und dem Inhalte nach Dirichlet gefolgt ist.

Die Darstellung dieser Schrift ist eine ganz elementare, so dass Jedermann, der sich durch etwa ein Semester mit Analysis beschäftigt hat, sich ohne Mühe den Inhalt aneignen kann. Der Hauptwerth dieser Schrift dürfte in der Kürze und Einfachheit der Convergenzuntersuchungen der hier behandelten Reihen liegen, welche für die nach Kreis- und Kugelfunctionen fortschreitenden in ganz gleicher Weise durchgeführt sind. Auf diese Theile legt der Verfasser deshalb besonderes Gewicht, da selbst Dirichlet in seinen „Vorlesungen über die im umgekehrten Verhältniss des Quadrats der Entfernung wirkenden Kräfte" (herausgegeben von Dr. F. Grube) (vergl. das Vorwort zur ersten Auflage) „diesen Beweis nur wegen der Kürze der Zeit weggelassen" und auf seine Abhandlung (in Crelle's Journal Bd. 17) hingewiesen hat.

Der hier mitgetheilte Beweis erfordert, die Kenntniss der Eigenschaften der Kugelfunction vorausgesetzt, kaum eine Vorlesungs-
stunde. Anwendungen der Kreis- und Kugelfunctionenreihen auf
physikalische Aufgaben wurden in dieser Schrift ganz ausgeschlossen. Hinsichtlich jener der Kugelfunctionen möge auf
den zweiten Band von Dr. E. Heine's „Handbuch der Kugelfunctionen", auf die früher erwähnten Dirichlet'schen Vorlesungen,
auf Franz Neumann's „Vorlesungen über Theorie des Potentials
und der Kugelfunctionen" und auf die ebenfalls von K. Hattendorf herausgegebenen Vorlesungen Riemann's „Schwere, Electricität und Magnetismus" hingewiesen werden. Bezüglich der
trigonometrischen Reihen findet man ohnedies in jedem physika-
lischen Handbuch gelöste Aufgaben; eine reiche Auswahl bieten
auch die früher genannten Vorlesungen von Riemann über „Partielle Differentialgleichungen".

Bei der Correctur des Druckes wurde der Verfasser von
seinem ehemaligen Schüler Herrn Professor Dr. Alois Walter
unterstützt, wofür er ihm seinen verbindlichsten Dank ausspricht.

Graz, im November 1896.

Johannes Frischauf.

Inhalt.

Erster Abschnitt.

Reihenentwicklung nach Kreisfunctionen.   Seite

Art. 1. Cosinus- und Sinussummen   1
Art. 2. Summen von Producten aus Cosinus und Sinus   2
Art. 3. Bestimmung der Coefficienten einer trigonometrischen
        Reihe aus gegebenen Functionswerthen   2
Art. 4. Besondere Fälle. Beispiele   4
Art. 5. Uebergang auf eine unendliche Anzahl von Gliedern,
        Fourier'sche Reihen   6
Art. 6. Nothwendigkeit der strengen Begründung   7
Art 7. Hülfssätze für Reihen   7
Art. 8. Untersuchung der Coefficienten der Fourier'schen Reihe
        für einen unendlich grossen Stellenzeiger   8
Art. 9. Bestimmung der Summe der Fourier'schen Reihe 14
Art. 10. Resultate der vorigen Untersuchung 16
Art. 11. Besondere Fälle 16
Art. 12. Beispiele 17
Art. 13. Erweiterung des Intervalles der Function für die Fou-
        rier'sche Reihe 19
Art. 14. Fourier'scher Lehrsatz 20
Art. 15. Beispiele 22

Zweiter Abschnitt.

Die Kugelfunctionen einer Veränderlichen.

Art. 16. Ursprung der Kugelfunctionen bei der Entwicklung des
        reciproken Werthes der Entfernung zweier Punkte . 25
Art. 17. Ausdruck der Kugelfunction durch eine ganze Function,
        durch einen n fachen Differentialquotienten, durch
        eine Cosinussumme 26
Art. 18. Drei Eigenschaften der Kugelfunction 28
Art. 19. Die Kugelfunction ist ein particuläres Integral einer
        linearen Differentialgleichung zweiter Ordnung . . 30
Art. 20. Recursionsformel für die Kugelfunctionen. Ausdruck für
        den Differentialquotienten 32
Art. 21. Ausdruck der Kugelfunction von Laplace 34
Art. 22. Dirichlet's Ausdrücke der Kugelfunction durch bestimmte
        Integrale. Mehler'sche Formeln 34
Art. 23. Werthbestimmung der Kugelfunction für unendlich grosse
        Ordnungszahlen 37

Dritter Abschnitt.

Kugelfunctionen zweier Veränderlichen.   Seite

Art. 24. Die allgemeine Kugelfunction ist ein particuläres Integral
          einer partiellen Differentialgleichung zweiter Ordnung   42
Art. 25. Zwei Eigenschaften der Kugelfunction.   43
Art. 26. Additionstheorem der Kugelfunctionen. Legendre'scher Satz 45

Vierter Abschnitt.

Reihenentwicklung nach Kugelfunctionen.

Art. 27. Aufstellung des Ausdruckes einer Function zweier Ver-
          änderlichen durch eine Kugelfunctionenreihe. . . .   48
Art. 28. Strenge Begründung dieses Ausdruckes   49
Art. 29. Ausdruck der allgemeinen Kugelfunction durch eine ganze
          Function   53
Art. 30. Entwicklung einer Function einer Veränderlichen durch
          eine Kugelfunctionenreihe   55
Art. 31. Beispiele   56

Anhang   59

Erster Abschnitt.

Reihenentwicklung nach Kreisfunctionen.

---

1. Die Summen

$$C_n = \sum_{i=0}^{i=n-1} \cos ia, \qquad S_n = \sum_{i=0}^{i=n-1} \sin ia$$

werden auf die folgende Art bestimmt.

Man setze in

$$\sin(x+y) - \sin(x-y) = 2\cos x \sin y$$
$$\cos(x-y) - \cos(x+y) = 2\sin x \sin y$$
$$x = ia, \quad y = \frac{a}{2}, \quad i = 0, 1, \ldots n-1$$

und addire die erhaltenen Gleichungen. Damit wird

1) $$C_n = \frac{\sin\frac{a}{2} + \sin\left(n - \frac{1}{2}\right)a}{2\sin\frac{a}{2}}$$

2) $$S_n = \frac{\cos\frac{a}{2} - \cos\left(n - \frac{1}{2}\right)a}{2\sin\frac{a}{2}}.$$

Aus dem Ausdrucke für C_n folgt

3) $$\frac{1}{2} + \cos a + \cos 2a + \cdots + \cos(n-1)a = \frac{\sin\left(n - \frac{1}{2}\right)a}{2\sin\frac{a}{2}}.$$

Ist $na = 2k\pi$, wo k eine ganze Zahl ist, so wird der Zähler dieser Ausdrücke gleich Null, der Nenner wird auch Null, wenn a gleich 2π oder ein Vielfaches von 2π ist. In diesem Falle wird

$$C_n = n, \quad S_n = 0.$$

2. Um die Summen

$$C_n = \sum_{i=0}^{i=n-1} \cos ipa \cdot \cos iqa$$

$$S_n = \sum_{i=0}^{i=n-1} \sin ipa \cdot \sin iqa$$

$$T_n = \sum_{i=0}^{i=n-1} \sin ipa \cdot \cos iqa,$$

wo $a = 2\pi : n$ ist, p und q ganze Zahlen bedeuten, $q < n$, zu bestimmen, setze man

$$2\cos ipa \cdot \cos iqa = \cos i(p-q)a + \cos i(p+q)a$$
$$2\sin ipa \cdot \sin iqa = \cos i(p-q)a - \cos i(p+q)a$$
$$2\sin ipa \cdot \cos iqa = \sin i(p-q)a + \sin i(p+q)a$$

und wende die Gleichungen des vorigen Art. an.

Man erhält für C_n den Werth Null, wenn nicht $p \pm q = kn$ ist, wo k eine ganze Zahl (einschliesslich Null) bedeutet. Sind zugleich $p+q$ und $p-q$ Vielfache von n, so muss (wegen $q < n$) $q = \frac{n}{2}$, $p = k'n + \frac{n}{2}$ sein, in diesem Falle erhält man

$$C_n = n.$$

Sind nicht zugleich $p+q$ und $p-q$ Vielfache von n, so ist

$$C_n = \frac{n}{2}.$$

Für S_n erhält man Null, wenn nicht $p \pm q = kn$ ist, und wenn $q = \frac{n}{2}$, $p = k'n + \frac{n}{2}$ ist. Ist aber $p - q = kn$, oder $p + q = kn$, so erhält man

$$S_n = \pm \frac{n}{2}.$$

Der Werth von T_n ist immer Null.

3. Es seien für die Function $f(x)$ die Functionswerthe

$$X_0, \quad X_1, \quad \dots X_i, \quad \dots X_{n-1}$$

für die Argumente

$$x = 0, \quad x_1 = a, \quad \dots x_i = ia, \quad \dots x_{n-1} = (n-1)a,$$

wo $na = 2\pi$ ist, gegeben. Man bestimme aus diesen Angaben die Coefficienten der Reihe

$$f(x) = A_0 + A_1 \cos x + A_2 \cos 2x + \cdots$$
$$+ B_1 \sin x + B_2 \sin 2x + \cdots$$

Aus den n Gleichungen

$$X_i = A_0 + A_1 \cos ia + A_2 \cos 2ia + \cdots$$
$$+ B_1 \sin ia + B_2 \sin 2ia + \cdots$$
$$i = 0, \ 1, \ \ldots i, \ \ldots n - 1$$

erhält. man n Coefficienten A und B. Zur Bestimmung von A_q multiplicire man diese Gleichungen nach Art. 2 mit den Eliminations-Factoren

$$1, \cos qa, \ \ldots \cos iqa, \ \ldots \cos(n-1)qa$$

und addire die erhaltenen Gleichungen. Man erhält nach Art. 2

$$\sum_{i=0}^{i=n-1} X_i \cos iqa = \frac{n}{2}(A_{-q} + A_{n-q} + A_{2n-q} + \cdots$$
$$+ A_q + A_{n+q} + A_{2n+q} + \cdots).$$

Ist q gleich Null, so wird

$$\sum_{i=0}^{i=n-1} X_i = n(A_0 + A_n + A_{2n} + \cdots);$$

ist q von Null verschieden, so fällt A_{-q} weg. Ist n gerade, so können für q alle Zahlen

$$0, \ 1, \ 2, \ \cdots \frac{n}{2}$$

gesetzt werden, für $q = \frac{n}{2}$ wird

$$\sum_{i=0}^{i=n-1} X_i \cos \frac{n}{2} ia = n(A_{\frac{n}{2}} + A_{\frac{3n}{2}} + \cdots),$$

weil wieder A_q und $A_{n-q} \ldots$ sich vereinigen. Ist n ungerade, kann man für q alle Zahlen

$$0, \ 1, \ 2, \ \cdots \frac{n-1}{2}$$

setzen; grössere Zahlen, als $q = \frac{n}{2}$ oder $\frac{n-1}{2}$ geben keine neuen Werthe.

Zur Bestimmung von B_q multiplicire man diese Gleichungen mit den Eliminations-Factoren

$$0, \quad \sin qa, \quad \ldots \sin iqa, \quad \ldots \sin (n-1)qa$$

und addire die erhaltenen Gleichungen. Man erhält nach Art. 2

$$\sum_{i=0}^{i=n-1} X_i \sin qia = \frac{n}{2}\left(B_q - B_{n-q} + B_{n+q} - \cdots\right).$$

Ist n gerade, so kann man für q alle Zahlen setzen von $q = 1$ bis $q = \frac{n}{2} - 1$, ist n ungerade, so kann $q = 1$ bis $q = \frac{n-1}{2}$ gesetzt werden.

Ist die obige Reihe derart convergent, dass man A_{n-q} gegen A_q, B_{n-q} gegen B_q vernachlässigen kann, so erhält man aus den n Werthen X_0, $X_1 \ldots X_{n-1}$, wenn n gerade ist, $\frac{n}{2} + 1$ Cosinus- und $\frac{n}{2} - 1$ Sinus-Coefficienten; ist n ungerade, so erhält man $\frac{n+1}{2}$ Cosinus- und $\frac{n-1}{2}$ Sinus-Coefficienten; in beiden Fällen im Ganzen n Coefficienten. Am genauesten werden dabei A_0 und $A_{\frac{n}{2}}$ erhalten.

In der Praxis ist es zweckmässig $n = 4m$ zu setzen, weil dann die Sinuse und Cosinuse von 0, 90^0, 180^0, 270^0 vorkommen.

Zusatz. Sind weniger Coefficienten zu bestimmen als Functionswerthe gegeben sind, so sind die Gleichungen zur Bestimmung der Coefficienten dieselben, welche man erhält, wenn man diese Coefficienten aus den Werthen X_0, $X_1 \ldots X_{n-1}$ nach der Methode der kleinsten Quadrate bestimmt.

4. Besondere Fälle.

I. Ist $\qquad f(2\pi - x) = + f(x),$

so vereinigen sich in den Cosinus-Summen zwei Posten $X_i \cos qia$ und $X_{n-i} \cos q(n-i)a$, $i = 1, 2 \ldots$, während die Sinus-Summen Null werden. Es ist daher

$$B_q = 0.$$

II. Ist $f(2\pi - x) = - f(x)$, so wird

$$f(\pi) = 0, \quad A_q = \frac{2X_0}{n}, \quad A_0 = \frac{X_0}{n}$$

und für n gerade $A_{\frac{n}{2}} = A_0$. Ist ausserdem $X_0 = 0$, so ist

$$A_q = 0.$$

Beispiele. Der in Art. 3 und 4 dargestellten Functions-bestimmung bedient man sich dann, wenn nur die Functionswerthe $f(x)$ (für $x = ia$) gegeben sind, oder die Entwicklung der Function in eine Sinus- und Cosinus-Reihe weitläufige Rechnungen erfordert. Das Verfahren soll an nachfolgenden Beispielen erörtert werden.

Zur Bestimmung der Polar-Coordinaten r, v des Ortes eines Himmelskörpers in einer elliptischen Bahn dienen die Gleichungen

$$u = x + e \sin u, \quad r = a - ae \cos u$$

$$\sin \frac{1}{2} (v - u) = \sin \frac{1}{2} \varphi \sin u \sqrt{\frac{a}{r}},$$

wo $e = \sin \varphi$ die Excentricität, a die halbe grosse Axe bedeutet; die Grösse x (mittlere Anomalie) ist der Zeit proportional.

Es sollen für $a = 1$, $e = 0.01677106$ (für die Erde) die Reihen für $r - 1$ und $v - x$ entwickelt werden. Setzt man $n = 8$, so erhält man

$$u_1 = 45^0 \, 41' \, 15''.25, \quad u_2 = 90^0 \, 57' \, 38''.79$$
$$u_3 = 135^0 \, 40' \, 17''.25, \quad u_0 = 0, \quad u_4 = 180^0.$$

Für $f(x) = r - 1$ erhält man in Einheiten der achten Stelle

$$f(0) = -1677106, \quad f(1) = -1171577, \quad f(2) = +28122,$$
$$f(3) = +1199709, \quad f(4) = +1677106;$$

daraus erhält man

$$f(x) = 14063 - 1676927 \cos x - 14060 \cos 2x - 179 \cos 3x$$
$$- 3 \cos 4x.$$

Setzt man $v - x = f(x)$, so erhält man

$$f(0) = 0, \quad f(1) = +4965''.18, \quad f(2) = +6917''.26,$$
$$f(3) = +4820''.21, \quad f(4) = 0;$$

daraus erhält man

$$f(x) = +6918''.29 \sin x + 72''.48 \sin 2x + 1''.03 \sin 3x.$$

Die Coefficienten dieser Entwicklungen weichen von directen Entwicklungen, welche U. J. Leverrier*) für denselben Werth der

---

*) Annales de l'observatoire impérial de Paris. T. IV. 1858.

Excentricität gegeben hat, entweder gar nicht oder nur um wenige Einheiten der letzten Stelle ab.

5. Wird n unendlich gross vorausgesetzt, so können die Werthe

$$0,\ a,\ 2a,\ \ldots\ ia,\ \ldots\ (n-1)a$$

als stetig aufeinanderfolgende Werthe von $x=0$ bis $x=2\pi$ betrachtet werden. Multiplicirt man die Gleichungen für A_q und B_q mit 2π und setzt $ia = i\dfrac{2\pi}{n} = \varepsilon$, $\dfrac{2\pi}{n} = d\varepsilon$, so gehen diese über in

$$\int_0^{2\pi} f(\varepsilon)\,d\varepsilon = 2\pi A_0$$

$$\int_0^{2\pi} f(\varepsilon)\,\cos q\varepsilon\,d\varepsilon = \pi A_q$$

$$\int_0^{2\pi} f(\varepsilon)\,\sin q\varepsilon\,d\varepsilon = \pi B_q .$$

Für die besonderen Fälle des Art. 4 erhält man

I. Ist $f(2\pi - x) = f(x)$, so wird

$$\int_0^{\pi} f(\varepsilon)\,d\varepsilon = \pi A_0$$

$$\int_0^{\pi} f(\varepsilon)\,\cos q\varepsilon\,d\varepsilon = \frac{\pi}{2}\,A_q$$

$$B_q = 0 .$$

II. Ist $f(2\pi - x) = -f(x)$, so wird

$$A_q = 0$$

$$\int_0^{\pi} f(\varepsilon)\,\sin q\varepsilon\,d\varepsilon = \frac{\pi}{2}\,B_q .$$

Zusatz. Die eben erhaltenen Ausdrücke erhält man am einfachsten dadurch, dass man,

$$f(\varepsilon) = A_0 + A_1 \cos z + \cdots$$
$$+ B_1 \sin z + \cdots$$

vorausgesetzt, die Werthe der Integrale

$$\int\limits_0^{2\pi} f(\varepsilon)\,d\varepsilon, \qquad \int\limits_0^{2\pi} f(\varepsilon)\cos q\varepsilon\,d\varepsilon, \qquad \int\limits_0^{2\pi} f(\varepsilon)\sin q\varepsilon\,d\varepsilon$$

bestimmt*).

6. Diese Ableitung des Ausdruckes der Function $f(x)$ durch eine nach Sinus und Cosinus der Vielfachen von x fortschreitende Reihe ist nicht strenge, da der Uebergang von einem endlichen n zu einem unendlich grossen n gar nicht gerechtfertigt wurde. Für die Begründung dieser Formel soll die Summe von n Gliedern

$$\pi S_n = \sum_{i=0}^{i=n} \int\limits_0^{2\pi} f(\varepsilon)\cos i(\varepsilon - x)\,d\varepsilon,$$

wo für $i = 0$ die Hälfte des Gliedes zu nehmen ist, bestimmt werden, und dann die Frage erörtert werden, welchen Werth S_n annimmt, wenn n unendlich gross vorausgesetzt wird.

Für die Convergenz der Reihe S_n ist zunächst erforderlich, dass ihre Glieder unendlich klein werden, wenn ihr Stellenzeiger unendlich gross vorausgesetzt wird. Dazu sind gewisse Eigenschaften der Function $f(x)$ nöthig; sind die hieher gehörigen Fragen beantwortet, so bietet die Beantwortung der Hauptfrage keine weitere Schwierigkeit.

7. Es sollen $a_0, a_1, a_2 \ldots$ positive Zahlen bedeuten, und
$$S_n = a_0 - a_1 + a_2 - \cdots \pm a_n.$$

I. Ist $a_0 > a_1 > a_2 \ldots$, so ist wegen
$$S_n = S_{2r} - (a_{2r+1} - a_{2r+2}) - \cdots$$
$$S_n = S_{2r+1} + (a_{2r+2} - a_{2r+3}) + \cdots,$$
$$S_{2r+1} < S_n < S_{2r},$$

also auch $S_n < a_0$.

---

*) Dass die Coefficienten der trigonometrischen Reihe auf diese Art bestimmt werden, um eine ganz willkürlich (graphisch) gegebene Function darzustellen, hat zum ersten Male Fourier in einer der französischen Akademie am 21. Dec. 1807 vorgelegten Arbeit ausgesprochen. Diese Reihen werden daher auch „Fourier'sche" genannt. Den ersten strengen Beweis der Convergenz lieferte Dirichlet (Crelle, Journal für Mathematik, Bd. 4) 1829.

Die Geschichte der Untersuchungen über diese Reihen ist ausführlich enthalten in der berühmten Abhandlung von B. Riemann „Ueber die Darstellbarkeit einer Function durch eine trigonometrische Reihe". Habilitations-Schrift vom Jahre 1854; in B. Riemann's „Gesammelte Werke und wissenschaftlicher Nachlass". XII.

II. Ist $a_0 < a_1 < a_2 \ldots$, so ist wegen

$$S_{2r} = a_0 + (a_2 - a_1) + (a_4 - a_3) + \cdots + (a_{2r} - a_{2r-1})$$
$$S_{2r+1} = (a_0 - a_1) + (a_2 - a_3) + \cdots + (a_{2r} - a_{2r+1})$$
$$S_n = S_{n-1} \pm a_n,$$

S_{2r} positiv, S_{2r+1} negativ und S_n absolut kleiner als a_n.

8. Es sei

$$J = \int_0^a f(x) \sin nx \, dx, \quad a < 2\pi,$$

zu bestimmen, wenn n unendlich gross vorausgesetzt wird.

Es seien $\alpha_1, \alpha_2, \ldots$ die Wurzeln der Function $\sin nx$ im Intervalle von $x = 0$ bis $x = a$, a wird dabei als ein Vielfaches von $\frac{\pi}{n}$ vorausgesetzt; ist dies nicht der Fall, so vergrössere man in dem obigen Integral a bis zum nächsten Vielfachen von $\frac{\pi}{n}$.

Man zerlege J in

$$J = \int_0^{\alpha_1} + \int_{\alpha_1}^{\alpha_2} + \cdots \int_{\alpha_r}^{\alpha_{r+1}} + \cdots$$

I. Nimmt $f(x)$ im Intervalle $x = 0$ bis $x = a$ stetig ab, so ist

$$\int_{\alpha_r}^{\alpha_{r+1}} f(x) \sin nx \cdot dx = f(\beta_r) \int_{\alpha_r}^{\alpha_{r+1}} \sin nx \cdot dx = \frac{2}{n} \left(-1\right)^r f(\beta_r),$$

wo β_r ein Mittelwerth zwischen α_r und α_{r+1} ist. Das Integral J verschwindet nach Art. 7, I, wenn n unendlich gross wird.

II. Dasselbe gilt nach Art. 7, II, wenn $f(x)$ von $x = 0$ bis $x = a$ stetig zunimmt.

Daraus folgt, dass das Integral

$$\int_a^b f(x) \sin nx \, dx$$

verschwindet, wenn n unendlich gross vorausgesetzt wird, sobald $f(x)$ im Intervalle $x = a$ bis $x = b$ stetig fortgesetzt zunimmt oder fortgesetzt abnimmt. Dasselbe findet statt, wenn $f(x)$ eine solche Function von x ist, dass sie im Intervalle $x = a$ bis $x = b$ abtheilungsweise zunimmt oder abnimmt und abtheilungsweise stetig ist*), denn auf jede dieser Abtheilungen kann der eben erwiesene Satz angewendet werden.

III. Wird $f(x)$ zwischen a und b, etwa für $x = c$, unendlich, ist

$$\int_a^b f(x)\,dx$$

endlich, besitzt $f(x)$ im Bereiche**) von $x = c$ nicht unendlich viele Maxima und Minima, so wird

$$\int_a^b f(x)\,\sin nx\,dx$$

verschwinden, wenn n unendlich gross vorausgesetzt wird.

Das Unendlichwerden einer Function $f(x)$ für $x = c$ ist am häufigsten derart, dass $(x - c)^\nu f(x)$ für ein positives hinreichend gross gewähltes ν im Bereiche von $x = c$ endlich bleibt, etwa $\leq A$. Ist nun $\nu < 1$, so ist der Betrag

$$\int_{c-\delta}^{c+\varepsilon} f(x)\,dx < \int_{c-\delta}^{c+\varepsilon} \frac{A\,dx}{(c - x)^\nu}$$

$$= \frac{A}{1 - \nu}\left(\varepsilon^{1-\nu} - (-\delta)^{1-\nu}\right),$$

also verschwindend klein, wenn δ und ε als verschwindend klein vorausgesetzt werden.

Ebenso verschwindet

$$\int_0^\varepsilon \log x\,dx = \left[x\log x - x\right]_0^\varepsilon.$$

Unter solcher Beschränkung soll $f(x)$ eine **integrirbare Function** genannt werden, wenn für jede Unendlichkeitsstelle (etwa c) von $f(x)$ im Intervalle $x = a$ bis $x = b$

$$\int_{c-\delta}^{c+\varepsilon} f(a)\,dx$$

verschwindet.

---

*) Abtheilungsweise heisst, dass zwischen a und b eine endliche Anzahl von Werthen $c < d < e \cdots$ liegen, wo die Function in den Intervallen (a, c), (c, d), $(d, e) \ldots$ entweder nur zunimmt oder nur abnimmt, und stetig ist.

**) Bereich eines Werthes c sind die sämmtlichen zwischen $c - \delta$ und $c + \varepsilon$ liegenden Werthe, wo δ und ε von einer durch die Untersuchung bedingten Kleinheit vorausgesetzt werden.

Für den Beweis von III beachte man, dass unter den obigen Voraussetzungen die Function $f(x)$ von $x = c - \delta$ an bis $x = c$ und von $x = c$ bis $x = c + \varepsilon$ mit demselben Vorzeichen versehen betrachtet werden kann*). Nun ist

$$\int_{c-\delta}^{c+\varepsilon} f(x) \sin nx \, dx = \int_{c-\delta}^{c} f(x) \sin nx \, dx + \int_{c}^{c+\varepsilon} f(x) \sin nx \, dx;$$

da im ersteren Integral $f(x)$ im Intervalle $c - \delta$ bis c nicht das Zeichen ändert, so ist dasselbe absolut kleiner als

$$\int_{c-\delta}^{c} f(x) \, dx,$$

ebenso ist das zweite absolut kleiner als

$$\int_{c}^{c+\varepsilon} f(x) \, dx;$$

beide Integrale, also auch

$$\int_{c-\delta}^{c+\varepsilon} f(x) \sin nx \, dx$$

verschwinden, wenn δ und ε unendlich klein vorausgesetzt werden.

Dasselbe findet auch statt, wenn $f(x)$ im Intervalle $x = a$ bis $x = b$ mehrere derartige Unendlichkeitswerthe besitzt.

IV. Besitzt aber $f(x)$, wenn $f(c)$ unendlich ist, im Bereiche von $x = c$ unendlich viele Maxima und Minima, so muss der Werth des Integrals in dem Intervalle $c - \delta$ bis $c + \varepsilon$ besonders untersucht werden, wie an dem nachfolgenden Beispiele erläutert werden soll.

Es sei

$$f(x) = \frac{d}{dx}\left(x^{\nu} \sin \frac{1}{x}\right), \quad 0 < \nu < 1,$$

$$f(x) \sin nx = \nu x^{\nu-1} \sin \frac{1}{x} \sin nx - x^{\nu-2} \cos \frac{1}{x} \sin nx.$$

$$2\int x^{\nu-2} \cos \frac{1}{x} \sin nx \, dx = \int x^{\nu-2} \sin\left(\frac{1}{x} + nx\right) dx$$

$$- \int x^{\nu-2} \sin\left(\frac{1}{x} - nx\right) dx.$$

---

*) Das Vorzeichen von $x = c - \delta$ bis $x = c$ kann von jenem von $x = c$ bis $x = c + \varepsilon$ auch verschieden sein.

Setzt man
$$y = \frac{1}{x} + nx,$$
so wird
$$y_{a+h} = \frac{1}{a} + na - \left(\frac{1}{a^2} - n\right)h + \frac{1}{a^3}h^2 - \cdots$$

Die Function y hat bei $a = 1 : \sqrt{n}$ ein Minimum, ihre Aenderungen sind im Bereiche von $x = 1 : \sqrt{n}$ von der zweiten Ordnung.

Bestimmt man den Betrag
$$U = \int_{a-\delta}^{a+\delta} x^{\nu-2} \sin\left(\frac{1}{x} + nx\right) dx,$$

so kann δ derart gewählt werden, dafs für ein unendlich grosses n $\frac{\delta}{a} = \sqrt{n}\,\delta$ unendlich klein, hingegen $\frac{\delta^2}{a^3}$ unendlich gross wird.

Man braucht dazu z. B. nur $\delta = n^{-\frac{2}{3}}$ zu setzen, dann wird $\frac{\delta}{a} = n^{-\frac{1}{6}}$, $\frac{\delta^2}{a^3} = n^{\frac{1}{6}}$. Dann kann von $x = a$ bis $a \pm \delta$

$$y = b + \frac{(x-a)^2}{a^3}, \quad \frac{1}{a} + na = b = 2\sqrt{n}$$

gesetzt werden. Damit wird U, da im Intervalle a bis $a \pm \delta$ die Grösse $x^{\nu-2} = a^{\nu-2}$ gesetzt werden kann,

$$U = a^{\nu-2}\int_{a-\delta}^{a} \sin\left(\frac{1}{x} + nx\right) dx + a^{\nu-2}\int_{a}^{a+\delta} \sin\left(\frac{1}{x} + nx\right) dx;$$

ersetzt man x durch y, so wird

$$x - a = \pm a^{\frac{3}{2}}\sqrt{y-b}, \quad dx = \pm \frac{a^{\frac{3}{2}}\,dy}{2\sqrt{y-b}},$$

wo das obere Zeichen gilt für $x > a$, das untere für $x < a$. Damit wird

$$U = -\frac{a^{\nu-\frac{1}{2}}}{2}\int_{b+\delta'}^{b} \frac{\sin y}{\sqrt{y-b}}\,dy + \frac{a^{\nu-\frac{1}{2}}}{2}\int_{b}^{b+\delta'} \frac{\sin y}{\sqrt{y-b}}\,dy$$

$$= a^{\nu-\frac{1}{2}}\int_{b}^{b+\delta'} \frac{\sin y}{\sqrt{y-b}}\,dy = a^{\nu-\frac{1}{2}}\int_{0}^{\delta'} \frac{\sin(y+b)}{\sqrt{y}}\,dy,$$

wo $b' = \frac{\delta^2}{a^2}$ mit n unendlich gross wird. Nun ist

$$\int\limits_0^\infty \frac{\sin(b+y)}{\sqrt{y}}\,dy = \sqrt{\pi}\,\sin\left(b + \frac{\pi}{4}\right) *),$$

damit wird

$$U = \sqrt{\pi}\cdot n^{\frac{1-2\nu}{4}}\sin\left(2\sqrt{n} + \frac{\pi}{4}\right).$$

Wird für a ein Werth zwischen 0 und $1:\sqrt{n}$ genommen, so kann man für die Werthe x von $a-\delta$ bis $a+\delta$

$$y = \frac{1}{a} + na - \left(\frac{1}{a^2} - n\right)(x - a)$$

setzen; das Integral innerhalb dieser Grenzen wird von der Ordnung a^ν, also verschwindend klein. Dasselbe gilt auch für

$$\int\limits_0^\delta x^{\nu-2}\sin\left(\frac{1}{x} - nx\right)dx.$$

Da also (ausser U) die übrigen Bestandtheile des Integrals J bei unendlich grossem n verschwindend klein werden, so wird

$$J = -\frac{1}{2}\sqrt{\pi}\,n^{\frac{1-2\nu}{4}}\sin\left(2\sqrt{n} + \frac{\pi}{4}\right);$$

ein Ausdruck, welcher für $\nu < \frac{1}{2}$ unendlich gross wird, während das Integral

$$\int\limits_0^\delta f(x)\,dx = 0, \quad \text{wenn} \quad 0 < \nu < \frac{1}{2}.$$

Aus der Berechnung des Integrals J geht hervor, dass im Bereiche von $x = 1:\sqrt{n}$ die raschen Aenderungen der Zeichen von $f(x)$ durch den Factor $\sin nx$ derart compensirt werden, dass die Bestandtheile des Integrals sich summiren.

V. Das Integral J bleibt endlich, wenn

$$f(x) = \frac{\varphi(x)}{x}$$

gesetzt wird, wo $\varphi(x)$ von $x = 0$ bis $x = a$ endlich und abtheilungsweise stetig ist.

---

*) Dieses Integral wird in Art. 15, III ausgewerthet.

Zerlegt man das Integral von 0 bis a in die Theile von 0 bis ε und von ε bis a, wo ε verschwindend klein ist, so kann im Intervalle von 0 bis ε $\varphi(x)$ als constant $= \varphi(0)$ angesetzt werden, es wird daher

$$\int_0^\varepsilon \frac{\varphi(x)\sin nx}{x}\,dx = \varphi(0)\int_0^\varepsilon \frac{\sin nx}{x}\,dx = \varphi(0)\int_0^{n\varepsilon}\frac{\sin z}{z}\,dz,$$

wenn $nx = z$ gesetzt wird; lässt man mit wachsendem n die Grösse ε derart abnehmen, dass $n\varepsilon$ unendlich gross wird, so wird

$$\int_0^\varepsilon \frac{\varphi(x)\sin nx}{x} = \frac{\pi}{2}\,\varphi(0) \quad \text{und zugleich} \quad \int_\varepsilon^a \frac{\varphi(x)\sin nx}{x}\,dx = 0.$$

Würde mit in das Unendliche wachsendem n $n\varepsilon = b$ eine endliche Zahl, so wähle man $\delta > \varepsilon$ derart, dass $n\delta$ mit n unendlich gross wird. Dann wird

$$\int_0^a \frac{\varphi(x)}{x}\sin nx\,dx = \int_0^\varepsilon + \int_\varepsilon^\delta + \int_\delta^a$$

$$\int_0^\varepsilon \frac{\varphi(x)}{x}\sin nx\,dx = \varphi(0)\int_0^b \frac{\sin z}{z}\,dz$$

$$\int_\varepsilon^\delta \frac{\varphi(x)}{x}\sin nx\,dx = \varphi(0)\int_b^\infty \frac{\sin z}{z}\,dz;$$

die beiden letzteren Integrale zusammen geben

$$\frac{\pi}{2}\,\varphi(0).$$

Daraus folgt: wird n unendlich gross, so ist

$$\int_0^a \frac{\varphi(x)}{x}\sin nx\,dx = \frac{\pi}{2}\,\varphi(0),$$

$$\int_\varepsilon^a \frac{\varphi(x)}{x}\sin nx\,dx = 0,$$

letztere Gleichung für ein unendlich kleines ε nur dann, wenn $n\varepsilon$ unendlich gross wird.

Für das Integral

$$\int_a^b f(x) \cos nx \, dx$$

gelten die Sätze in I—IV unverändert, dagegen gilt nicht mehr der Satz V, deshalb, weil das Integral

$$\int_0^a \frac{\cos x}{x} \, dx$$

sinnlos wird*).

9. Zur Bestimmung der Summe S_n des Art. 6, wobei $f(x)$ als eine im Intervalle $x = 0$ bis $x = 2\pi$ gegebene integrirbare Function, welche in keinem Bereiche dieses Intervalles unendlich viele Maxima und Minima besitzt, vorausgesetzt wird, setze man

$$S_n = \frac{1}{\pi} \int_0^{2\pi} f(\varepsilon) \, d\varepsilon \cdot \sum_{i=0}^{i=n} \cos i(\varepsilon - x)$$

und setze nach Art. 1, 3)

$$\sum_{i=0}^{i=n} \cos i(\varepsilon - x) = \frac{\sin (2n + 1) \frac{\varepsilon - x}{2}}{2 \sin \frac{\varepsilon - x}{2}};$$

damit wird

$$S_n = \frac{1}{2\pi} \int_0^{2\pi} f(\varepsilon) \frac{\sin (2n + 1) \frac{\varepsilon - x}{2}}{\sin \frac{\varepsilon - x}{2}} \, d\varepsilon.$$

Setzt man

$$\frac{\varepsilon - x}{2} = y,$$

---

*) Der Grund des Nullwerdens der in diesem Art. behandelten Integrale bei in das Unendliche wachsendem n liegt darin, dass in dem unendlich kleinen Intervalle $2\pi:n$ die Grösse nx sich um 2π ändert, während $f(x)$ als constant betrachtet werden kann. Nur, wenn die Aenderungen von $f(x)$ derart vor sich gehen, dass in dem Intervalle $2\pi:n$ die Werthe $f(x) \sin nx$ oder $f(x) \cos nx$ sich nicht aufheben, verschwinden diese Integrale nicht. Aber im Beispiele IV muss $f(x)$ sogar unendlich gross werden von der Ordnung $\gtrless \frac{3}{2}$, damit diese Beträge resp. endlich- oder unendlich-gross werden.

so wird

$$S_n = \frac{1}{\pi} \int\limits_{-\frac{x}{2}}^{\pi-\frac{x}{2}} f(2y + x) \frac{\sin(2n+1)y}{\sin y} \, dy \, .$$

I. Liegt x zwischen 0 und 2π, so wird $\frac{1}{\sin y}$ nur für $y = 0$ unendlich gross; man zerlege dann das obige Integral in

$$\int\limits_{-\frac{x}{2}}^{\pi-\frac{x}{2}} = \int\limits_{-\frac{x}{2}}^{-\delta} + \int\limits_{-\delta}^{+\varepsilon} + \int\limits_{+\varepsilon}^{\pi-\frac{x}{2}}$$

wo δ und ε unendlich klein, $n\delta$ und $n\varepsilon$ unendlich gross vorausgesetzt werden. Das erste und dritte Integral sind verschwindend klein, das mittlere

$$\int\limits_{-\delta}^{+\varepsilon} = \int\limits_{-\delta}^{0} + \int\limits_{0}^{+\varepsilon}$$

$$\int\limits_{-\delta}^{0} f(2y + x) \frac{\sin(2n+1)y}{\sin y} \, dy = f(x - 0) \cdot \frac{\pi}{2}$$

$$\int\limits_{0}^{+\varepsilon} f(2y + x) \frac{\sin(2n+1)y}{\sin y} \, dy = f(x + 0) \cdot \frac{\pi}{2} \, ,$$

da man in dem Intervalle $-\delta$ bis $+\varepsilon$ $\sin y = y$ setzen kann; $f(x \pm 0)$ bedeutet den Grenzwerth von $f(x \pm 2y)$ (oder $f(x \pm y)$), wenn y bis zur Null abnimmt.

Ist im Bereiche von x die Function $f(x)$ stetig, so ist

$$f(x - 0) = f(x + 0) \, .$$

Man erhält daher für die Stellen, wo $f(x)$ stetig ist,

$$S_n = f(x) \, ;$$

für jene Stellen, wo $f(x)$ von $f(x-0)$ auf $f(x+0)$ überspringt,

$$S_n = \frac{1}{2} \left(f(x - 0) + f(x + 0) \right) \, .$$

II. Für $x = 0$ wird

$$S_n = \frac{1}{2\pi} \int_0^{2\pi} f(\varepsilon) \frac{\sin(2n+1)\frac{\varepsilon}{2}}{\sin\frac{\varepsilon}{2}} d\varepsilon.$$

Zerlegt man das Integral in

$$\int_0^{2\pi} = \int_0^{\delta} + \int_{\delta}^{2\pi-\varepsilon} + \int_{2\pi-\varepsilon}^{2\pi},$$

so wird das mittlere Integral Null, das erste wird $\pi f(+0)$, das dritte $\pi f(2\pi - 0)$, also

$$S_n = \frac{1}{2}(f(+0) + f(2\pi - 0)).$$

III. Für $x = 2\pi$ erhält man denselben Werth für S_n.

10. Man kann das gewonnene Resultat auch folgendermassen aussprechen: Ist am Umfange eines Kreises vom Radius Eins eine eindeutige integrirbare Function $f(x)$ ausgebreitet, welche im Bereiche keiner Stelle des Umfanges unendlich viele Maxima und Minima besitzt, so ist der Werth der unendlichen Reihe

$$\frac{1}{\pi} \sum_{i=0}^{i=\infty} \int_0^{2\pi} f(\varepsilon) \cos i(\varepsilon - x) d\varepsilon,$$

wo für $i = 0$ die Hälfte des betreffenden Gliedes zu nehmen ist,

$$f(x) \text{ für jede Stetigkeitstelle,}$$

$$\frac{1}{2}(f(x-0) + f(x+0)) \text{ für jede Sprungstelle.}$$

Ist $f(0)$ von $f(2\pi)$ verschieden, so ist dieser Punkt des Umfanges als Sprungstelle zu betrachten.

11. Besondere Fälle.

I. Ist $\qquad f(2\pi - x) = + f(x),$

so werden die Sinuscoefficienten Null,

$$A_0 = \frac{1}{\pi} \int_0^{\pi} f(\varepsilon) d\varepsilon, \quad A_n = \frac{2}{\pi} \int_0^{\pi} f(\varepsilon) \cos n\varepsilon \, d\varepsilon.$$

Die Reihe

$$f(x) = A_0 + A_1 \cos x + A_2 \cos 2x + \cdots$$

gilt für alle Werthe von $x = 0$ bis $x = \pi$, die Zahlen 0 und π eingeschlossen.

II. Ist $f(2\pi - x) = -f(x)$, also $f(\pi) = 0$,

so werden die Cosinuscoefficienten Null,

$$B_n = \frac{2}{\pi} \int_0^\pi f(\varepsilon) \sin n\varepsilon \, d\varepsilon.$$

Die Reihe

$$f(x) = B_1 \sin x + B_2 \sin 2x + \cdots$$

gilt für alle Werthe von x zwischen den Grenzen 0 und π; für $x = 0$ giebt die Reihe den Werth Null, die vorige Gleichung gilt daher nur dann für $x = 0$, wenn $f(0) = 0$ ist. Für $x = \pi$ ist ohnedies $f(\pi) = 0$, die vorige Gleichung daher giltig.

Ist die Function $f(x)$ nur von $x = 0$ bis $x = \pi$ gegeben, so muss sie zur Anwendung dieser Formeln derart von $x = \pi$ bis $x = 2\pi$ fortgesetzt gedacht werden, dass sie die Bedingungen I und II erfüllet. Ist für II $f(\pi)$ von Null verschieden, so ist zu berücksichtigen, dass die obige Reihe für $x = \pi$ das arithmetische Mittel von $f(\pi)$ und $-f(\pi)$ d. i. Null liefert.

Dadurch unterscheidet sich die Sinusreihe von einer convergenten Potenzreihe; für eine solche ist $f(\pi - \varepsilon)$ von $f(\pi)$ nur um eine mit verschwindendem ε ebenfalls verschwindende Grösse verschieden, während die Sinusreihe für $x = \pi - \varepsilon$ eine endliche Grösse liefert, für $x = \pi$ den Werth Null giebt. Aehnliches gilt auch für die nach Sinus und Cosinus fortschreitenden Reihen.

12. Beispiele. I. Es sei von $x = 0$ bis $x = \pi$ $f(x) = 1$.

Die Cosinusreihe liefert

$$A_0 = 1, \quad A_n = 0.$$

Die Sinusreihe liefert

$$B_n = \frac{2}{\pi} \cdot \frac{1 - \cos n\pi}{n},$$

$$B_{2m} = 0, \quad B_{2m+1} = \frac{4}{\pi} \cdot \frac{1}{2m+1},$$

$$1 = \frac{4}{\pi} \left(\sin x + \frac{1}{3} \sin 3x + \cdots \right),$$

welche Gleichung für alle Werthe von x zwischen 0 und π giltig ist, für $x = 0$ und $x = \pi$ nicht giltig ist.

II. Es sei von $x = 0$ bis $x = \pi$ $f(x) = x$.

Man erhält

$$x = \frac{2}{\pi}\left[\frac{\pi^2}{4} - 2\left(\cos x + \frac{1}{3^2}\cos 3x + \cdots\right)\right],$$

$$x = 2\left(\sin x - \frac{1}{2}\sin 2x + \frac{1}{3}\sin 3x - \cdots\right),$$

die zweite Gleichung gilt für $x = 0$, aber nicht für $x = \pi$.

Setzt man in der ersten Gleichung $x = 0$, so erhält man

$$\frac{\pi^2}{8} = 1 + \frac{1}{3^2} + \frac{1}{5^2} + \cdots$$

III. Es sei von $x = 0$ bis $x = \frac{\pi}{2}$ $f(x) = x$, von $x = \frac{\pi}{2}$ bis $x = \pi$ $f(x) = \pi - x$.

Für die Coefficienten erhält man

$$\int_0^\pi f(\varepsilon)\cos n\varepsilon\,d\varepsilon = \int_0^{\frac{\pi}{2}} \varepsilon\cos n\varepsilon\,d\varepsilon + \int_{\frac{\pi}{2}}^\pi (\pi - \varepsilon)\cos n\varepsilon\,d\varepsilon,$$

$$\int_0^\pi f(\varepsilon)\sin n\varepsilon\,d\varepsilon = \int_0^{\frac{\pi}{2}} \varepsilon\sin n\varepsilon\,d\varepsilon + \int_{\frac{\pi}{2}}^\pi (\pi - \varepsilon)\sin n\varepsilon\,d\varepsilon,$$

damit wird

$$\int_0^\pi f(\varepsilon)\cos n\varepsilon\,d\varepsilon = -\frac{1 + \cos n\pi - 2\cos n\frac{\pi}{2}}{n^2},$$

$$\int_0^\pi f(\varepsilon)\sin n\varepsilon\,d\varepsilon = \frac{2\sin n\frac{\pi}{2}}{n^2};$$

$$A_0 = \frac{\pi}{4}, \quad A_{4m} = 0, \quad A_{4m+1} = 0,$$

$$A_{4m+2} = \frac{-8}{\pi(4m+2)^2}, \quad A_{4m+3} = 0.$$

$$B_{2m} = 0, \quad B_{4m+1} = \frac{4}{\pi(4m+1)^2}, \quad B_{4m+3} = \frac{-4}{\pi(4m+3)^2},$$

$$f(x) = \frac{\pi}{4} - \frac{8}{\pi}\left(\frac{\cos 2x}{2^2} + \frac{\cos 6x}{6^2} + \cdots\right),$$

$$f(x) = \frac{4}{\pi}\left(\frac{\sin x}{1^2} - \frac{\sin 3x}{3^2} + \frac{\sin 5x}{5^2} - \cdots\right),$$

welche letztere Gleichung auch für $x = 0$ und $x = \pi$ giltig ist.

Für $x = 0$ oder $x = \pi$ erhält man aus der ersten Gleichung, für $x = \frac{\pi}{2}$ aus der zweiten Gleichung

$$\frac{\pi^2}{8} = \frac{1}{1^2} + \frac{1}{3^2} + \frac{1}{5^2} + \cdots$$

IV. Es sei von $x = 0$ bis $x = \frac{\pi}{2}$ $f(x) = 1$, von $x = \frac{\pi}{2}$ bis $x = \pi$ $f(x) = 0$.

Es ist

$$A_0 = \frac{1}{2}, \ A_{2m} = 0, \ A_{4m+1} = \frac{2}{\pi}\frac{1}{4m+1}, \ A_{4m+3} = -\frac{2}{\pi}\frac{1}{4m+3};$$

$$B_{4m} = 0, \quad B_{2m+1} = \frac{2}{\pi}\frac{1}{2m+1}, \quad B_{4m+2} = \frac{2}{\pi}\frac{2}{4m+2}.$$

$$f(x) = \frac{1}{2} + \frac{2}{\pi}\left(\cos x - \frac{1}{3}\cos 3x + \cdots\right),$$

$$f(x) = \frac{2}{\pi}\left(\sin x + \frac{2}{2}\sin 2x + \frac{1}{3}\sin 3x + \cdots\right);$$

für $x = \frac{\pi}{2}$ ist der Werth dieser Reihen $\frac{1}{2}$.

13. Statt dafs die Function $f(x)$ von $x = 0$ bis $x = 2\pi$ als gegeben vorausgesetzt wird, kann sie auch von $x = -\pi$ bis $x = +\pi$ als gegeben vorausgesetzt werden. In diesem Falle ist

$$f(x) = A_0 + A_1 \cos x + A_2 \cos 2x + \cdots$$
$$+ B_1 \sin x + B_2 \sin 2x + \cdots,$$

wo

$$A_0 = \frac{1}{2\pi}\int\limits_{-\pi}^{+\pi} f(\varepsilon)d\varepsilon, \quad A_n = \frac{1}{\pi}\int\limits_{-\pi}^{+\pi} f(\varepsilon)\cos n\varepsilon\, d\varepsilon,$$

$$B_n = \frac{1}{\pi}\int\limits_{-\pi}^{+\pi} f(\varepsilon)\sin n\varepsilon\, d\varepsilon,$$

2*

und diese Reihe liefert für alle Werthe von x innerhalb der Grenzen $-\pi$ und $+\pi$ den Werth

$$\frac{1}{2}\left(f(x-0)+f(x+0)\right),$$

für $x=-\pi$ und $x=+\pi$ den Werth

$$\frac{1}{2}\left(f(\pi-0)+f(-\pi+0)\right).$$

Setzt man in diesen Formeln

$$\frac{x}{\pi}=\frac{y}{a},\quad f\left(\frac{\pi y}{a}\right)=\varphi(y)$$

und ersetzt schliesslich y und φ durch x und f, so erhält man:

Ist $f(x)$ von $x=-a$ bis $x=+a$ gegeben, so ist der Werth der Summe der Reihe

$$A_0+A_1\cos\frac{\pi x}{a}+A_2\cos 2\,\frac{\pi x}{a}+\cdots$$

$$+B_1\sin\frac{\pi x}{a}+B_2\sin 2\,\frac{\pi x}{a}+\cdots,$$

wo

$$A_0=\frac{1}{2a}\int_{-a}^{+a}f(z)dz,\quad A_n=\frac{1}{a}\int_{-a}^{+a}f(z)\cos n\,\frac{\pi z}{a}\,dz,$$

$$B_n=\frac{1}{a}\int_{-a}^{+a}f(z)\sin n\,\frac{\pi z}{a}\,dz$$

ist, für x zwischen $\pm a$

$$\frac{1}{2}\left(f(x-0)+f(x+0)\right),$$

für $x=\pm a$

$$\frac{1}{2}\left(f(a-0)+f(-a+0)\right).$$

Auch die besonderen Fälle des Art. 11,

I. $f(-x)=+f(x)$, II. $f(-x)=-f(x)$,

lassen sich ohne Schwierigkeit behandeln.

14. Setzt man in der Formel des vorigen Art.

$$f(x)=\frac{1}{a}\sum_{i=0}^{i=\infty}\int_{-a}^{+}f(z)\cos i\,\frac{(z-x)\pi}{a}\,dz,$$

wo für $i = 0$ die Hälfte des erhaltenen Gliedes zu nehmen ist, a unendlich gross voraus, und setzt

$$\frac{\pi}{a} = du, \quad \frac{i\pi}{a} = u,$$

so kann man im Gliede für $i = 0$ die Grösse

$$-\frac{1}{2a} \int_{-\infty}^{+\infty} f(\varepsilon)\, d\varepsilon$$

vernachlässigen, und die vorige Summe der Reihe geht über in

$$f(x) = \frac{1}{\pi} \int_0^x du \left(\int_{-x}^{+\infty} f(\varepsilon) \cos u(\varepsilon - x)\, d\varepsilon \right),$$

wo x zwischen $-\infty$ und $+\infty$ vorausgesetzt wird. Diese Formel enthält den Fourier'schen Lehrsatz. An den Sprungstellen liefert diese Formel den Werth

$$\frac{1}{2} \left(f(x - 0) + f(x + 0) \right).$$

Ist $f(x)$ nur für positive Werthe von x gegeben, so kann sie für negative derart fortgesetzt gedacht werden, dass entweder

I. $f(-x) = +f(x)$, oder II. $f(-x) = -f(x)$

ist.

Setzt man

$$\cos u(\varepsilon - x) = \cos u\varepsilon \cos ux + \sin u\varepsilon \sin ux,$$

so erhält man unter Voraussetzung I

$$f(x) = \frac{2}{\pi} \int_0^\infty \cos ux\, du \left(\int_0^x f(\varepsilon) \cos u\varepsilon\, d\varepsilon \right);$$

unter Voraussetzung II

$$f(x) = \frac{2}{\pi} \int_0^\infty \sin ux\, du \left(\int_0^\infty f(\varepsilon) \sin u\varepsilon\, d\varepsilon \right).$$

III. Ist die Function $f(x)$ nur für die Werthe von $x = g$ bis $x = h$ gegeben, wo $g < h$ ist, so kann diese Function willkürlich derart fortgesetzt gedacht werden, dass sie Null wird für jedes x von $x = -\infty$ bis $x = g$, und von $x = h$ bis $x = +\infty$. Die Fourier'sche Formel geht dann über in

$$f(x) = \frac{1}{\pi} \int\limits_0^\infty du \left(\int\limits_g^h f(\varepsilon) \cos u(\varepsilon - x) d\varepsilon \right),$$

wo
$$g \leqq x < h \qquad \text{ist.}$$

An den Sprungstellen erhält man den Werth

$$\frac{1}{2} \left(f(x - 0) + f(x + 0) \right).$$

15. Beispiele. I. Ist für $g \leq x < h \;\; f(x) = 1$, so erhält man nach III des vorigen Art. für $g < x < h$

$$1 = \frac{1}{\pi} \left\{ \int\limits_0^\infty \frac{\sin u(h - x)}{u} du - \int\limits_0^\infty \frac{\sin u(g - x)}{u} du \right\}.$$

Für die Sprungstelle $x = g$ erhält man den Werth

$$\frac{1}{2} = \frac{1}{\pi} \int\limits_0^\infty \frac{\sin u(h - g)}{u} du.$$

II. Ist für positive x, $f(x) = e^{-kx}$, wo k positiv vorausgesetzt wird, so erhält man nach I des vorigen Art.

$$\int\limits_0^\infty \frac{k \cos xu}{k^2 + u^2} du = \frac{\pi}{2} e^{-kx},$$

nach II des vorigen Art.

$$\int\limits_0^\infty \frac{u \sin xu}{k^2 + u^2} du = \frac{\pi}{2} e^{-kx}.$$

III. Ist $f(x) = x^{-k}$, k positiv und < 1,

$$x^{-k} = \frac{2}{\pi} \int\limits_0^\infty \cos ux \, du \left(\int\limits_0^\infty \varepsilon^{-k} \cos u\varepsilon \, d\varepsilon \right)$$

$$= \frac{2}{\pi} \int\limits_0^\infty \sin ux \, du \left(\int\limits_0^\infty \varepsilon^{-k} \sin u\varepsilon \, d\varepsilon \right).$$

Setzt man in den inneren Integralen $u\varepsilon = y$, so können dieselben von u unabhängig gemacht und daher als constante Factoren herausgehoben werden, es wird dann

$$x^{-k} = \frac{2}{\pi} \int_0^\infty u^{k-1} \cos ux\, du \cdot \int_0^\infty y^{-k} \cos y\, dy$$

$$= \frac{2}{\pi} \int_0^\infty u^{k-1} \sin ux\, du \cdot \int_0^\infty y^{-k} \sin y\, dy.$$

Für $k = \frac{1}{2}$ und $x = 1$ wird

$$\frac{\pi}{2} = \left(\int_0^\infty \frac{\cos u\, du}{\sqrt{u}} \right)^2 = \left(\int_0^\infty \frac{\sin u\, du}{\sqrt{u}} \right)^2.$$

Setzt man $\sqrt{u}$ als positiv voraus, so werden die Integrale

$$\int_0^\infty \frac{\cos u}{\sqrt{u}}\, du, \quad \int_0^\infty \frac{\sin u}{\sqrt{u}}\, du$$

positiv. Denn zerlegt man sie wie in Art. 8 in Theile von 0 bis π, π bis 2π, ... so wird

$$\int_0^\infty \frac{\cos u}{\sqrt{u}}\, du = \int_0^\pi f(u) \cos u\, du, \quad \int_0^\infty \frac{\sin u}{\sqrt{u}}\, du = \int_0^\pi f(u) \sin u\, du,$$

$$f(u) = \frac{1}{\sqrt{u}} - \frac{1}{\sqrt{\pi + u}} + \frac{1}{\sqrt{2\pi + u}} - \cdots$$

Das erste der beiden Integrale zerlege man in die zwei Theile von 0 bis $\frac{\pi}{2}$ und $\frac{\pi}{2}$ bis π und setze im zweiten Theile $u = \pi - u_1$ (dann wieder u statt u_1), so wird

$$\int_0^\infty \frac{\cos u}{\sqrt{u}}\, du = \int_0^{\frac{\pi}{2}} (f(u) - f(\pi - u)) \cos u\, du.$$

Da, wenn $a < b$ ist, $a \pm u$ bei wachsendem u in grösserem Verhältniss wächst oder abnimmt als $b \pm u$, so nimmt $f(u)$ ab und $f(\pi - u)$ zu, wenn u von 0 bis $\frac{\pi}{2}$ wächst, für $u = \frac{\pi}{2}$ werden diese beiden Reihen einander gleich, es ist daher

$$\int_0^\infty \frac{\cos u\, du}{\sqrt{u}} = +\sqrt{\frac{\pi}{2}}.$$

Das Sinusintegral ist, wie man unmittelbar ersieht, positiv; es ist daher

$$\int_0^\infty \frac{\sin u}{\sqrt{u}}\, du = +\sqrt{\frac{\pi}{2}}.$$

Damit wird für positive a

$$\int_0^\infty \frac{\cos a u\, du}{\sqrt{u}} = \int_0^\infty \frac{\sin a u}{\sqrt{u}}\, du = \sqrt{\frac{\pi}{2a}},$$

und wegen $\sqrt{\frac{1}{2}} = \sin\frac{\pi}{4} = \cos\frac{\pi}{4}$,

$$\int_0^x \frac{\cos(au+b)}{\sqrt{u}}\, du = \sqrt{\frac{\pi}{a}} \cos\left(b + \frac{\pi}{4}\right),$$

$$\int_0^x \frac{\sin(au+b)}{\sqrt{u}}\, du = \sqrt{\frac{\pi}{a}} \sin\left(b + \frac{\pi}{4}\right).$$

Setzt man $\sqrt{u} = x$, so wird $du = 2x\, dx$ und

$$\int_0^\infty \cos(ax^2 + b)\, dx = \frac{1}{2}\sqrt{\frac{\pi}{a}} \cos\left(b + \frac{\pi}{4}\right),$$

$$\int_0^\infty \sin(ax^2 + b)\, dx = \frac{1}{2}\sqrt{\frac{\pi}{a}} \sin\left(b + \frac{\pi}{4}\right).$$

Dieselben Werthe erhält man für die Integrale mit den Grenzen $-\infty$ und 0, also das Doppelte für die Grenzen $-\infty$ und $+\infty$.

Zweiter Abschnitt.

Die Kugelfunctionen einer Veränderlichen.

———

16. Die Bestimmung des Potentials irgend einer Masse erfordert die Berechnung des reciproken Werthes der Entfernung d des in einem Punkte (x', y', z') vereinigten Massenelementes von dem Punkte (x, y, z), für welchen das Potential zu bestimmen ist.

Die rechtwinkligen Coordinaten (x, y, z) kann man durch Polarcoordinaten ersetzen. Ist

$$x = r \cos \vartheta \qquad x' = r' \cos \vartheta'$$

$$y = r \sin \vartheta \cos \varphi \qquad y' = r' \sin \vartheta' \cos \varphi'$$

$$z = r \sin \vartheta \sin \varphi \qquad z' = r' \sin \vartheta' \sin \varphi',$$

so bedeutet r die Entfernung des Punktes (x, y, z) vom Coordinatenanfang, die Grössen ϑ und φ können auf die folgende Art versinnlicht werden: Man beschreibe aus dem Coordinatenanfang mit dem Radius 1 eine Kugelfläche, die vom Anfange nach dem Punkte (x, y, z) gezogene Gerade markirt auf dieser Kugelfläche einen Punkt M, die positive x-Achse einen Punkt A, die xy-Ebene eine grösste Kreislinie AU, wo AU in der Richtung der positiven x gegen die positiven y genommen wird; dann ist der Kreisbogen $AM = \vartheta$, der sphärische Winkel $UAM = \varphi$. Nimmt man den Punkt A als Pol, den durch die xy-Ebene bestimmten grössten Kreis als Nullmeridian, so ist ϑ die Poldistanz, φ der Längenunterschied, $\varphi \sin \vartheta$ der Bogen des Parallelkreises für den Punkt M. Die Grössen $\cos \vartheta$, $\sin \vartheta \cos \varphi$, $\sin \vartheta \sin \varphi$ sind die rechtwinkligen Coordinaten des Punktes M der Kugelfläche.

Die Entfernung d der beiden Punkte (x, y, z) und (x', y', z') ist gegeben durch

$$d^2 = (x' - x)^2 + (y' - y)^2 + (z' - z)^2,$$

$$d^2 = r^2 + r'^2 - 2rr'(\cos\vartheta\cos\vartheta' + \sin\vartheta\sin\vartheta'\cos(\varphi' - \varphi)),$$

$$d^2 = r^2 + r'^2 - 2rr'\cos\omega,$$

$$\cos\omega = \cos\vartheta\cos\vartheta' + \sin\vartheta\sin\vartheta'\cos(\varphi' - \varphi),$$

wo ω den Bogen MM' bedeutet.

Damit wird

$$\frac{1}{d} = \frac{1}{\sqrt{r^2 + r'^2 - 2rr'\cos\omega}}.$$

Ist von den Grössen r und r' $r < r'$, so setze man

$$\frac{1}{d} = \frac{1}{r'\sqrt{1 - 2\frac{r}{r'}\cos\omega + \left(\frac{r}{r'}\right)^2}}.$$

Setzt man $\dfrac{r}{r'} = \alpha, \quad \cos\omega = x,$

so wird $\dfrac{1}{d} = \dfrac{T}{r'},$

wo $T = \dfrac{1}{\sqrt{1 - 2\alpha x + \alpha^2}}.$

17. Die Grösse T kann man in eine convergente Reihe nach Potenzen von α entwickeln, deren Coefficienten ganze Functionen von x sind; bezeichnet man den Coefficienten von α^n mit $P_n(x)$, so kann dieser auf die folgende Art bestimmt werden:

$$T = \left(1 - \alpha(2x - \alpha)\right)^{-\frac{1}{2}} = 1 + a_1(2x - \alpha)\alpha + a_2(2x - \alpha)^2\alpha^2 + \cdots,$$

$$a_n = (-1)^n \binom{-\frac{1}{2}}{n} = \frac{1 \cdot 3 \cdot 5 \cdots (2n - 1)}{1 \cdot 2 \cdot 3 \cdots n \cdot 2^n},$$

$$P_0 = +1.$$

Die Glieder von $P_n(x)$ werden erhalten

aus	das Glied
$a_n(2x - \alpha)^n\alpha^n$	$a_n(2x)^n$
$a_{n-1}(2x - \alpha)^{n-1}\alpha^{n-1}$	$-a_{n-1}\binom{n-1}{1}(2x)^{n-2}$
$a_{n-r}(2x - \alpha)^{n-r}\alpha^{n-r}$	$(-1)^r a_{n-r}\binom{n-r}{r}(2x)^{n-2r}$

für n gerade

$$a_{\frac{n}{2}}\left(2x - \alpha\right)^{\frac{n}{2}} \alpha^{\frac{n}{2}} \qquad \left(-1\right)^{\frac{n}{2}} a_{\frac{n}{2}};$$

für n ungerade

$$a_{\frac{n+1}{2}}\left(2x - \alpha\right)^{\frac{n+1}{2}} \alpha^{\frac{n+1}{2}} \qquad \left(-1\right)^{\frac{n-1}{2}} a_{\frac{n+1}{2}}\binom{\frac{n+1}{2}}{1}\left(2x\right).$$

Der Coefficient von x^{n-2r} ist

1) $$\left(-1\right)^r \frac{1 \cdot 3 \cdot 5 \cdots (2n - 2r - 1)}{2^r r! \, (n - 2r)!},$$

dieser kann, wegen

$$1 \cdot 3 \cdots (2n - 2r - 1) \cdot (n - r)! \, 2^{n-r} = (2n - 2r)!$$

$$= (n - 2r)! \, (n - 2r + 1) \cdots (2n - 2r),$$

umgeformt werden in

$$\left(-1\right)^r \frac{(2n - 2r) \cdots (n - 2r + 1)}{2^n r! \, (n - r)!}$$

$$= \frac{(-1)^r}{2^n \cdot n!} \binom{n}{r} (2n - 2r) \cdots (n - 2r + 1);$$

man ersieht, dass dieses Glied, n-mal integrirt, giebt

$$\frac{(-1)^r}{2^n \cdot n!} \binom{n}{r} x^{2n-2r},$$

also

2) $$P_n(x) = \frac{1}{2^n n!} \frac{d^n}{dx^n} (x^2 - 1)^n.$$

Eine dritte Form für den Coefficienten von x^{n-2r} erhält man so: Multiplicirt man in 1) den Zähler und Nenner mit $(2n - 2r + 1)(2n - 2r + 3) \cdots (2n - 1)$, und setzt $(n - 2r)! = n! : (n - 2r + 1)(n - 2r + 2) \cdots n$, so wird dieser Coefficient $=$

3) $$\frac{1 \cdot 3 \cdot 5 \cdots (2n - 1)}{n!} \cdot \frac{(-1)^r n(n - 1) \cdots (n - 2r + 1)}{2^r r! \, (2n - 1)(2n - 3) \cdots (2n - 2r + 1)}.$$

Die Function $P_n(x)$ wird eine **Kugelfunction** genannt[*]).
Für die Werthe x von -1 bis $+1$ ist sie reell und ihr grösster
Werth ist $+1$. Dies kann auf folgende Art erkannt werden.
Setzt man $x = \cos \gamma = \frac{1}{2}(e^{+\gamma i} + e^{-\gamma i})$, so wird

$$T = \left(1 - 2\alpha \cos \gamma + \alpha^2\right)^{-\frac{1}{2}} = \left(1 - \alpha e^{\gamma i}\right)^{-\frac{1}{2}} \left(1 - \alpha e^{-\gamma i}\right)^{-\frac{1}{2}} =$$

$$(1 + \cdots + a_n \alpha^n \, a_n e^{n\gamma i} + \cdots)(1 + \cdots + a_n \alpha^n \, a_n e^{-n\gamma i} + \cdots).$$

Die Glieder mit α^n zerfallen in zwei Gruppen, jedem mit dem
Coefficienten $a_{n-s} a_s e^{(n-2s)\gamma i}$ entspricht eines mit dem Coefficienten
$a_s a_{n-s} e^{-(n-2s)\gamma i}$, deren Summe giebt $2 a_{n-s} a_s \cos(n - 2s)\gamma$.
Die Summe dieser Glieder von $s = 0$ bis $s = \frac{n}{2}$ oder $\frac{n-1}{2}$,
je nachdem n gerade — wo aber vom letzten Gliede nur die
Hülfte zu nehmen ist — oder n ungerade ist, ist $P_n(\cos \gamma)$, es
ist daher

4) $$P_n(\cos \gamma) = 2 \sum{}' a_{n-s} a_s \cos(n - 2s)\gamma;$$

diese Summe nimmt ihren grössten Werth an für $\gamma = 0$ (oder
$x = +1$); unter dieser Annahme ist

$$T = \frac{1}{1 - \alpha} = 1 + \alpha + \alpha^2 + \cdots + \alpha^n + \cdots$$

d. h. der grösste Werth von $P_n(x)$ ist $+1$ für $x = +1$. Für
$x = -1$ erhält man $P_n(x) = +1$ wenn n gerade, hingegen
$P_n(x) = -1$ wenn n ungerade ist.
Für $x = 0$ erhält man

$$P_{2n}(0) = (-1)^n a_n, \qquad P_{2n+1}(0) = 0,$$

wie man auch direct aus $T = (1 + \alpha^2)^{-\frac{1}{2}}$ findet.

18. Aus der Gleichung

$$P_n(x) = \frac{1}{2^n n!} \frac{d^n}{dx^n}(x^2 - 1)^n$$

ergeben sich folgende Eigenschaften von $P_n(x)$.

I. Da $(x^2 - 1)^n$ $2n$ reelle Wurzeln gleich ± 1 besitzt, so sind die n Wurzeln von $P_n(x)$ reell und liegen zwischen -1 und $+1$.

II. Es ist

$$\int_{-1}^{+1} P_m(x) P_n(x) dx = 0,$$

wenn m von n verschieden ist, hingegen

$$\int_{-1}^{+1} P_n(x)^2 dx = \frac{2}{2n+1}.$$

$$\int_{-1}^{+1} P_m(x) P_n(x) dx = \frac{1}{2^{m+n} m! \, n!} \int_{-1}^{+1} \frac{d^m}{dx^m} (x^2 - 1)^m \frac{d^n}{dx^n} (x^2 - 1)^n \, dx;$$

wird $m < n$ vorausgesetzt, so erhält man durch m-maliges theilweises Integriren

$$\int_{-1}^{+1} \frac{d^m}{dx^m} (x^2 - 1)^m \frac{d^n}{dx^n} (x^2 - 1)^n dx =$$

$$(-1)^m \int_{-1}^{+1} \frac{d^{2m}}{dx^{2m}} (x^2 - 1)^m \frac{d^{n-m}}{dx^{n-m}} (x^2 - 1)^n \, dx;$$

der erste Factor unter dem Integrale ist eine Constante $= (2m)!$, daraus folgt, das das letzte Integral Null wird.

Für $n = m$

$$\int_{-1}^{+1} P_n(x)^2 dx = \frac{(-1)^n (2n)!}{(2^n n!)^2} \int_{-1}^{+1} (x^2 - 1)^n dx.$$

Setzt man

$$\frac{1+x}{2} = \varepsilon, \quad \frac{1-x}{2} = 1 - \varepsilon,$$

so wird

$$\int_{-1}^{+1} P_n(x)^2 dx = \frac{2(2n)!}{n!^2} \int_{-1}^{+1} \varepsilon^n (1 - \varepsilon)^n d\varepsilon.$$

Aus

$$\int_0^1 z^n (1-z)^m dz = \frac{m}{n+1} \int_0^1 z^{n+1}(1-z)^{m-1} dz$$

erhält man durch wiederholte Anwendung

$$\int_0^1 z^n(1-z)^m dz = \frac{m!\, n!}{(m+n+1)!},$$

es wird damit

$$\int_{-1}^{+1} P_n(x)^2 dx = \frac{2}{2n+1}.$$

III. Es ist

$$\frac{dP_{n+1}(x)}{dx} - \frac{dP_{n-1}(x)}{dx} = (2n+1)P_n(x).$$

$$\frac{dP_{n+1}(x)}{dx} - \frac{dP_{n-1}(x)}{dx} =$$

$$\frac{1}{2^{n+1}(n+1)!} \frac{d^n}{dx^n}\left(\frac{d^2(x^2-1)^{n+1}}{dx^2} - 2^2(n+1)n(x^2-1)^{n-1}\right)$$

$$= \frac{2n+1}{2^n n!} \frac{d^n}{dx^n}(x^2-1)^n = (2n+1)P_n(x).$$

19. Die Kugelfunction $P_n(x)$ ist ein particuläres Integral einer linearen Differentialgleichung zweiter Ordnung.

Setzt man

$$T = \frac{1}{R}, \quad R = \sqrt{1-2\alpha x + \alpha^2},$$

so wird

$$\frac{\partial R}{\partial x} = -\alpha T, \quad \frac{\partial R}{\partial \alpha} = (\alpha - x)T,$$

$$\frac{\partial^2 R}{\partial x^2} = -\alpha^2 T^3, \quad \frac{\partial^2 R}{\partial \alpha^2} = (1-x^2)T^3,$$

woraus

$$(1-x^2)\frac{\partial^2 R}{\partial x^2} + \alpha^2 \frac{\partial^2 R}{\partial \alpha^2} = 0$$

erhalten wird. Differenzirt man diese Gleichung nach x und setzt statt $\frac{\partial R}{\partial x}$ den Werth $-\alpha T$, so erhält man

$$(1-x^2)\frac{\partial^2 T}{\partial x^2} - 2x \frac{\partial T}{\partial x} + \alpha \frac{\partial^2 (\alpha T)}{\partial \alpha^2} = 0.$$

Wird in dieser Gleichung

$$T = \sum P_n(x)\alpha^n$$

und der Coefficient von α^n gleich Null gesetzt, so erhält man

$$(1 - x^2)\frac{d^2 P_n(x)}{dx^2} - 2x\frac{d P_n(x)}{dx} + n(n+1)P_n(x) = 0.$$

Das eine particuläre Integral dieser Gleichung ist eine ganze Function vom Grade n d. i. die im Art. 17 (für die Coefficientenform 3)) bestimmte Kugelfunction, wenn der constante Factor so gewählt wird, dass $P_n(x) = 1$ wird für $x = 1$.

Das zweite particuläre Integral enthält $\log(1 + x)$ und $\log(1 - x)$, es wird daher unendlich für $x = \pm 1$.

Aus der vorigen Differentialgleichung folgt, dass die Wurzeln von $P_n(x)$ alle verschieden sind. Denn wären zwei gleiche Wurzeln, etwa gleich a, vorhanden, so müssten für diesen Werth a auch der erste Differentialquotient, also vermöge dieser Differentialgleichung auch der zweite, und, wenn man diese Gleichung wiederholt differenzirt, auch der n^{te} Null werden, was nicht möglich ist.

Zusatz 1. Die vorige Differentialgleichung lässt sich auch so ansetzen

$$- n(n+1)P_n(x) = \frac{d}{dx}\left((1 - x^2)\frac{d P_n(x)}{dx}\right),$$

daraus folgt

$$- n(n+1)\int_{-1}^{+1} P_n(x)P_m(x)dx = \int_{-1}^{+1} P_m(x)\frac{d}{dx}\left((1 - x^2)\frac{d P_n(x)}{dx}\right)dx$$

$$= - \int_{-1}^{+1}(1 - x^2)\frac{d P_m(x)}{dx}\frac{d P_n(x)}{dx}\,dx\,;$$

denselben Werth erhält man für $- m(m+1)\int_{-1}^{+1}P_m(x)P_n(x)dx$, daraus folgt

$$\int_{-1}^{+1}P_m(x)P_n(x)dx = 0,$$

wenn m von n verschieden ist.

Setzt man in

$$\int_{-1}^{+1}\frac{dx}{1 - 2x\alpha + \alpha^2} = \frac{1}{\alpha}\log\left(\frac{1 + \alpha}{1 - \alpha}\right),$$

$$T^2 = \sum P_m(x)\alpha^m \cdot \sum P_n(x)\alpha^n = \sum P_m(x)P_n(x)\alpha^{m+n},$$

so erhält man durch Gleichstellung der Coefficienten der Potenzen α^{m+n} mit Zuziehung des vorigen Satzes

$$\int_{-1}^{+1} P_n(x)^2\,dx = \frac{2}{2n+1}.$$

Zusatz 2. Aus den Gleichungen

$$F = \frac{1}{R} - \sum P_n(x)\alpha^n = 0,$$

$$\frac{\partial F}{\partial x} = \frac{\alpha}{R^3} - \sum \frac{dP_n(x)}{dx}\cdot\alpha^n = 0,$$

$$\frac{\partial F}{\partial \alpha} = -\frac{\alpha - x}{R^3} - \sum n P_n(x)\alpha^{n-1} = 0$$

erhält man

$$F + 2\alpha\frac{\partial F}{\partial \alpha} - \frac{1-\alpha^2}{\alpha}\frac{\partial F}{\partial x} =$$
$$\sum \left(\frac{dP_{n+1}(x)}{dx} - \frac{dP_{n-1}(x)}{dx} - (2n+1)P_n(x)\right)\alpha^n;$$

die erste Seite dieser Gleichung reducirt sich auf

$$\frac{1}{R} - \frac{1}{R} = 0,$$

es ist daher

$$\sum \left(\frac{dP_{n+1}(x)}{dx} - \frac{dP_{n-1}(x)}{dx} - (2n+1)P_n(x)\right)\alpha^n = 0,$$

woraus

$$(2n+1)P_n(x) = \frac{dP_{n+1}(x)}{dx} - \frac{dP_{n-1}(x)}{dx}$$

folgt.

20. Differenzirt man

$$T = \frac{1}{\sqrt{1 - 2\alpha x + \alpha^2}}$$

nach α, so erhält man

$$\frac{1}{T^3}\frac{dT}{d\alpha} + (\alpha - x) = 0,$$

$$(1 - 2\alpha x + \alpha^2)\frac{dT}{d\alpha} + (\alpha - x)T = 0.$$

Setzt man in dieser Gleichung $T = \sum P_n(x)\alpha^n$ und den Coefficienten von α^n gleich Null, so erhält man die Recursionsformel

$$(n + 1)P_{n+1}(x) - (2n + 1)x P_n(x) + n P_{n-1}(x) = 0.$$

Diese Formel giebt jedes $P_n(x)$ aus den zwei vorausgehenden $P_{n-1}(x)$ und $P_{n-2}(x)$. Aus $P_0(x) = 1$ und $P_1(x) = x$ kann $P_n(x)$ erhalten werden.

Mit Zuziehung dieser Formel lassen sich auch einfache Ausdrücke für den Differentialquotienten von $P_n(x)$ finden. Aus

$$\frac{d}{dx}\left((1 - x^2)\frac{d P_n(x)}{dx}\right) = - n(n + 1)P_n(x)$$

folgt

$$(1 - x^2)\frac{d P_n(x)}{dx} = - n(n + 1)\int P_n(x)dx,$$

$$(2n + 1)\int P_n(n)dx = P_{n+1}(x) - P_{n-1}(x).$$

Bezeichnet man die integrirten Glieder von $\int P_n(x)dx$ mit U, so ist diesen noch eine Integrationsconstante C hinzuzufügen, also

$$\int P_n(x)dx = U + C,$$

wo $C = 0$ ist, wenn n gerade und

$$C = \frac{(-1)^{\frac{n+1}{2}} a_{n+1}}{n} = \frac{(-1)^{\frac{n+1}{2}}}{n+1} \frac{1 \cdot 3 \cdot 5 \cdots (n - 2)}{1 \cdot 2 \cdot 3 \cdots \frac{n-1}{2} \cdot 2^{\frac{n-1}{2}}},$$

wenn n ungerade ist. Damit wird

$$\left(1 - x^2\right)\frac{d P_n(x)}{dx} = - \frac{n + 1}{2n + 1}\left(n P_{n+1}(x) - n P_{n-1}(x)\right);$$

setzt man in diese Gleichung für $- n P_{n-1}(x)$ den Werth $(n + 1)P_{n+1}(x) - (2n + 1)x P_n(x)$, so erhält man

$$\left(1 - x^2\right)\frac{d P_n(x)}{dx} = (n + 1)\left(x P_n(x) - P_{n+1}(x)\right).$$

Differenzirt man die vorige Recursionsformel und ersetzt $(2n + 1)P_n(x)$, so erhält man

$$n \frac{d P_{n+1}(x)}{dx} - (2n + 1)x \frac{d P_n(x)}{dx} + (n + 1)\frac{d P_{n-1}(x)}{dx} = 0.$$

Aus $\dfrac{dP_0 \, r}{dx} = 0$ und $\dfrac{dP_1' \, r}{dx} = 1$ kann $\dfrac{dP_2 \, r}{dx}$ erhalten werden.

21. Die Kugelfunction $P_n \cdot r$ lässt sich durch ein bestimmtes Integral ausdrücken. Setzt man in die Formel

$$\int_0^\pi \frac{d\varphi}{a - b\cos\varphi} = \frac{\pi}{\sqrt{a^2 - b^2}}, \quad \text{absolut } a > b,$$

$$1 - 2ax + a^2 = (1 - ax)^2 - a^2(x^2 - 1)$$

$$a = 1 - ax, \qquad b = a\sqrt{x^2 - 1},$$

wo r reell und a so klein vorausgesetzt wird, dafs absolut $a > b$ ist, so wird

$$\int_0^\pi \frac{d\varphi}{1 - ax - a\sqrt{x^2 - 1}\cos\varphi} = \frac{\pi}{\sqrt{1 - 2ax + a^2}};$$

entwickelt man nach steigenden Potenzen von a, so erhält man durch Gleichstellung der Coefficienten von a^n

$$\pi P_n(r) = \int_0^\pi \left(x + \cos\varphi\sqrt{r^2 - 1}\right)^n d\varphi,$$

die Formel von Laplace.

Setzt man $a = ax - 1$, $b = a\sqrt{x^2 - 1}$, und setzt x positiv und für a eine positive hinreichend grosse Zahl, dass absolut $a > b$ ist, und entwickelt man nach fallenden Potenzen von a, so erhält man durch Gleichstellung der Coefficienten von a^{-n-1}

$$\pi P_n(x) = \int_0^\pi \frac{d\varphi}{(x + \cos\varphi\sqrt{x^2 - 1})^{n+1}}.$$

Man erhält daher für reelle positive x

$$\int_0^\pi \left(x + \cos\varphi\sqrt{x^2 - 1}\right)^n d\varphi = \int_0^\pi \left(x + \cos\varphi\sqrt{x^2 - 1}\right)^{-n-1} d\varphi.$$

22. Die Kugelfunction $P_n(\cos\gamma)$ hat Dirichlet durch bestimmte Integrale ausgedrückt, welche Formen zur Kenntniss der Eigenschaften dieser Function, sowie für die Convergenzuntersuchung der Kugelfunctionenreihe von grösster Wichtigkeit sind. Diese Integrale erhielt Dirichlet auf die folgende Art[*]).

*) Crelle, Journal für Mathematik, Bd. 17, 1837: „Sur les séries

Setzt man in dem Ausdrucke

$$T = \frac{1}{\sqrt{1 - 2\alpha \cos\gamma + \alpha^2}} = P_0 + P_1\alpha + \cdots + P_n\alpha^n + \cdots$$

$\alpha = e^{\psi i} = \cos\psi + i\sin\psi$, so wird

$$1 + \alpha^2 = \alpha\left(\alpha + \frac{1}{\alpha}\right) = 2\alpha\cos\psi,$$

$$1 : T^2 = 2(\cos\psi - \cos\gamma)\alpha \qquad \psi < \gamma$$
$$= -2(\cos\gamma - \cos\psi)\alpha \qquad \psi > \gamma$$
$$-1 = e^{-\pi i}$$

$$T = \frac{\cos\tfrac{1}{2}\psi - i\sin\tfrac{1}{2}\psi}{\sqrt{2(\cos\psi - \cos\gamma)}} \qquad \psi < \gamma$$

$$T = \frac{\sin\tfrac{1}{2}\psi + i\cos\tfrac{1}{2}\psi}{\sqrt{2(\cos\gamma - \cos\psi)}} \qquad \psi > \gamma.$$

Dadurch nimmt der Ausdruck T die Form $G + Hi$ an, wo

$$G = P_0 + P_1\cos\psi + \cdots + P_n\cos n\psi + \cdots$$
$$H = \qquad P_1\sin\psi + \cdots + P_n\sin n\psi + \cdots,$$

G und H haben die obigen verschiedenen Formen, je nachdem $\psi <$ oder $> \gamma$ ist.

Nach Art. 11 ist

$$P_n = \frac{2}{\pi}\int_0^\pi G\cos n\psi \, d\psi \quad \text{und} \quad P_n = \frac{2}{\pi}\int_0^\pi H\sin n\psi \, d\psi;$$

jedes dieser Integrale muss in zwei Theile zwischen den Grenzen 0 und γ, γ und π zerlegt werden; es ist daher

$$1) \quad P_n = \frac{2}{\pi}\int_0^\gamma \frac{\cos n\psi \cos\tfrac{1}{2}\psi \, d\psi}{\sqrt{2(\cos\psi - \cos\gamma)}} + \frac{2}{\pi}\int_\gamma^\pi \frac{\cos n\psi \sin\tfrac{1}{2}\psi \, d\psi}{\sqrt{2(\cos\gamma - \cos\psi)}},$$

$$2) \quad P_n = -\frac{2}{\pi}\int_0^\gamma \frac{\sin n\psi \sin\tfrac{1}{2}\psi \, d\psi}{\sqrt{2(\cos\psi - \cos\gamma)}} + \frac{2}{\pi}\int_\gamma^\pi \frac{\sin n\psi \cos\tfrac{1}{2}\psi \, d\psi}{\sqrt{2(\cos\gamma - \cos\psi)}};$$

wobei zu bemerken ist, dass in der Formel 1) für $n = 0$ auf

dont le terme général dépend des deux angles, et qui servent à exprimer des fonctions arbitraires entre des limites données". Die hier gegebene Darstellung ist nach des Verfassers „Convergenz der Kugelfunctionenreihen" (Mittheilungen des naturw. Vereines für Steiermark. Jahrgang 1886) gehalten.

der rechten Seite die Hälfte zu nehmen ist, die Formel 2) für
$n = 0$ ihre Giltigkeit verliert.

Durch Addition von 1) und 2) erhält man

$$P_n = \frac{1}{\pi} \int_0^\gamma \frac{\cos(n + \tfrac{1}{2})\psi \, d\psi}{\sqrt{2(\cos\psi - \cos\gamma)}} + \frac{1}{\pi} \int_\gamma^\pi \frac{\sin(n + \tfrac{1}{2})\psi \, d\psi}{\sqrt{2(\cos\gamma - \cos\psi)}},$$

setzt man in 1) und 2) statt n die Zahl $n + 1$ und subtrahirt
man die neuen Gleichungen, so wird

$$\int_0^\gamma \frac{\cos(n + \tfrac{1}{2})\psi \, d\psi}{\sqrt{2(\cos\psi - \cos\gamma)}} = \int_\gamma^\pi \frac{\sin(n + \tfrac{1}{2})\psi \, d\psi}{\sqrt{2(\cos\gamma - \cos\psi)}}.$$

Es ist daher

3) $$P_n(\cos\gamma) = \frac{2}{\pi} \int_0^\gamma \frac{\cos(n + \tfrac{1}{2})\psi \, d\psi}{\sqrt{2(\cos\psi - \cos\gamma)}}$$

$$= \frac{1}{\pi} \int_0^\gamma \frac{\cos(n + \tfrac{1}{2})\psi \, d\psi}{\sqrt{\sin\tfrac{1}{2}\gamma^2 - \sin\tfrac{1}{2}\psi^2}} = \frac{1}{\pi} \int_0^\gamma \frac{\cos(n + \tfrac{1}{2})\psi \, d\psi}{\sqrt{\sin\tfrac{1}{2}(\gamma + \psi)\sin\tfrac{1}{2}(\gamma - \psi)}},$$

4) $$P_n(\cos\gamma) = \frac{2}{\pi} \int_\gamma^\pi \frac{\sin(n + \tfrac{1}{2})\psi \, d\psi}{\sqrt{2(\cos\gamma - \cos\psi)}}$$

$$= \frac{1}{\pi} \int_\gamma^\pi \frac{\sin(n + \tfrac{1}{2})\psi \, d\psi}{\sqrt{\sin\tfrac{1}{2}\psi^2 - \sin\tfrac{1}{2}\gamma^2}} = \frac{1}{\pi} \int_\gamma^\pi \frac{\sin(n + \tfrac{1}{2})\psi \, d\psi}{\sqrt{\sin\tfrac{1}{2}(\gamma + \psi)\sin\tfrac{1}{2}(\psi - \gamma)}},$$

welche Formeln auch für $n = 0$ giltig sind.

Setzt man in 4) $\gamma = \pi - \delta$, $\psi = \pi - \varphi$, so erhält man

4') $$P_n(\cos\gamma) = \frac{(-1)^n}{\pi} \int_0^\delta \frac{\cos(n + \tfrac{1}{2})\varphi \, d\varphi}{\sqrt{\sin\tfrac{1}{2}(\delta + \varphi)\sin\tfrac{1}{2}(\delta - \varphi)}}.$$

Die Formeln 3) und 4) wurden von F. G. Mehler aufgestellt[*]).

Die vorstehende Ableitung der Formeln 1) bis 4) ist nicht
strenge, da die Entwicklung von T nur für $\alpha < 1$ convergent
ist. Es lässt sich aber die Richtigkeit dieser Formeln ohne
Schwierigkeit direct beweisen. Es genügt hierzu der Beweis für

---

[*]) „Notiz über die Dirichlet'schen Integralausdrücke für die Kugelfunction". Math. Annalen. Bd. V.

die Formel 3). Zunächst mag bemerkt werden, dass das durch P_n gegebene bestimmte Integral immer endlich ist. Die Reihe

$$S = P_0 + P_1\alpha + \cdots + P_n\alpha^n + \cdots,$$

wo $P_n = P_n(\cos\gamma)$ durch die Gleichung 3) gegeben ist, und α einen echten Bruch bedeutet, ist daher convergent. Es ist

$$\pi S = \int_0^\chi \frac{d\psi}{\sqrt{\sin\tfrac{1}{2}\overline{\gamma}^2 - \sin\tfrac{1}{2}\overline{\psi}^2}} \cdot$$

$$\left(\cos\tfrac{1}{2}\psi + \alpha\cos\tfrac{3}{2}\psi + \cdots + \alpha^n\cos(n+\tfrac{1}{2})\psi + \cdots\right) \cdot$$

Die in S vorkommende Reihe

$$R = \cos\tfrac{1}{2}\psi + \alpha\cos\tfrac{3}{2}\psi + \cdots + \alpha^n\cos(n+\tfrac{1}{2})\psi + \cdots$$

wird durch Anwendung von

$$2\cos x = e^{xi} + e^{-xi},$$

als die Summe zweier geometrischer Reihen

$$2R = \frac{e^{\tfrac{1}{2}\psi i}}{1-\alpha e^{\psi i}} + \frac{e^{-\tfrac{1}{2}\psi i}}{1-\alpha e^{-\psi i}} = \frac{2(1-\alpha)\cos\tfrac{1}{2}\psi}{1-2\alpha\cos\psi + \alpha^2}$$

bestimmt; damit wird

$$S = \frac{1-\alpha}{\pi}\int_0^\gamma \frac{\cos\tfrac{1}{2}\psi\,d\psi}{\sqrt{\sin\tfrac{1}{2}\gamma^2 - \sin\tfrac{1}{2}\psi^2}} \cdot \frac{1}{1-2\alpha\cos\psi + \alpha^2} \cdot$$

Setzt man

$$\sin\tfrac{1}{2}\psi = \sin\tfrac{1}{2}\gamma\sin\varphi,$$

so wird

$$S = \frac{2(1-\alpha)}{\pi}\int_0^{\tfrac{\pi}{2}} \frac{d\varphi}{(1-\alpha)^2 + 4\alpha\sin\tfrac{1}{2}\gamma^2\sin\varphi^2} = \frac{1}{\sqrt{1-2\alpha\cos\gamma + \alpha^2}} \cdot$$

Setzt man in S statt α und γ resp. $-\alpha$ und $\pi-\gamma$, so bleibt die ganze Rechnung ungeändert, und man erhält damit die Begründung der Formel 4').

23. Aus der Mehler'schen Formel 3) für $P_n(\cos\gamma)$ folgt:

I. Sind $\alpha_1, \alpha_2, \ldots \alpha_n$ die Wurzeln von $\cos kx = 0$ im Intervalle von $x = 0$ bis $x = \pi$, wo $k = n + \tfrac{1}{2}$ gesetzt wird, also

$$\alpha_r = (2r-1)\frac{\pi}{2k}$$

ist, und setzt man

$$J_r = \frac{(-1)^r}{\pi} \int_{a_r}^{a_{r+1}} \frac{\cos k\,v\,dv}{\sqrt{\sin \frac{1}{2}\gamma^2 - \sin \frac{1}{2}v^2}},$$

so wird wegen der Gleichheit der Zähler von $\cos k\,v$ und der abnehmenden Nenner $\sqrt{\sin \frac{1}{2}\gamma^2 - \sin \frac{1}{2}v^2}$ in den Intervallen a_r bis a_{r+1}

$$J_r < J_{r+1},$$

$$P_n(\cos \gamma) = J_0 - J_1 + J_2 - \cdots$$

Nach Art. 7 folgt, dass je zwischen $(a_1, a_2), (a_2, a_3), \cdots (a_n, \pi)$ eine Wurzel von $P_n(\cos \gamma) = 0$ liegt; letztere Function also n reelle und von einander verschiedene Wurzeln besitzt.

II. Aus Art. 8 folgt unmittelbar, dass für ein unendlich grosses n $P_n(\cos \gamma)$ verschwindet, wenn γ und $\pi - \gamma$ endlich ist. Wird aber γ oder $\pi - \gamma$ als unendlich klein vorausgesetzt, so erfordert dies eine besondere Untersuchung.

Wird $\gamma \leq \frac{\pi}{2}$ als ein Vielfaches von $\frac{\pi}{2k}$ etwa $(2r+1)\frac{\pi}{2k}$ vorausgesetzt — im Falle dies nicht stattfindet, vergrössere man γ —, so ist der absolute Werth von $P_n(\cos \gamma)$ kleiner als

$$\frac{(-1)^r}{\pi} \int_{a_r}^{a_{r+1}} \frac{\cos k\psi\,d\psi}{\sqrt{\sin \frac{1}{2}(\gamma + \psi)\sin \frac{1}{2}(\gamma - \psi)}},$$

welcher Ausdruck wieder kleiner ist als

$$\frac{1}{\pi \sqrt{\sin \frac{1}{2}(\gamma + a_r)}} \int_{a_r}^{a_{r+1}} \frac{d\psi}{\sqrt{\sin \frac{1}{2}(\gamma - \psi)}}.$$

Im Intervalle a_r bis a_{r+1} kann $\sin \frac{1}{2}(\gamma - \psi) = \frac{1}{2}(\gamma - \psi)$ gesetzt werden, damit wird

$$\int_{a_r}^{a_{r+1}} \frac{d\psi}{\sqrt{\sin \frac{1}{2}(\gamma - \psi)}} = \int_{a_r}^{a_{r+1}} \frac{d\psi}{\sqrt{\frac{1}{2}(\gamma - \psi)}} = 2\sqrt{\frac{2\pi}{k}},$$

also J_r, mithin auch absolut $P_n(\cos \gamma)$ kleiner als

$$K = \frac{2\sqrt{2}}{\sqrt{k\pi \sin\left(\gamma - \frac{\pi}{2k}\right)}}.$$

Daraus folgt unmittelbar, dass $P_n(\cos\gamma)$ verschwindet, wenn n $\left(\text{also auch } k = n + \frac{1}{2}\right)$ unendlich gross wird, vorausgesetzt, dass γ und $\pi - \gamma$ endlich ist.

Wird mit n unendlich gross, γ unendlich klein, dabei aber $n\gamma$ unendlich gross, so wird der obige Ausdruck K noch immer unendlich klein. Wird aber $n\gamma$ endlich, etwa gleich ϑ, so ist

$$K = \frac{2\sqrt{2}}{\sqrt{\pi\left(\vartheta - \dfrac{\pi}{2}\right)}},$$

also endlich, mithin auch $P_n(\cos\gamma)$ im allgemeinen endlich.

Wird

$$P_n(\cos\gamma) = \frac{2}{\pi}\int_0^{\vartheta} \frac{\cos\varphi\, d\varphi}{\sqrt{\vartheta^2 - \varphi^2}} = J(\vartheta)$$

gesetzt, so heisst $J(\vartheta)$ die Cylinder- oder Bessel'sche Function von ϑ.

Wird mit n unendlich gross, $n\gamma$ unendlich klein, so kann im Intervalle von 0 bis γ $\cos k\psi = 1$ gesetzt werden, es wird dann

$$P_n(\cos\gamma) = \frac{2}{\pi}\int_0^{\gamma} \frac{d\psi}{\sqrt{\gamma^2 - \psi^2}} = 1.$$

Wird $\pi - \gamma$ bei unendlich grossem n unendlich klein, so folgt aus

$$P_n(\cos\gamma) = (-1)^n P_n\cos(\pi - \gamma),$$

dass $P_n(\cos\gamma)$ verschwindet, wenn $n(\pi - \gamma)$ unendlich gross wird, dass aber $P_n(\cos\gamma)$ im allgemeinen endlich ist, wenn $n(\pi - \gamma)$ endlich wird und $P_n(\cos\gamma) = (-1)^n$ wird, wenn $n(\pi - \gamma)$ unendlich klein wird.

Zusatz. Ein Näherungswerth von $P_n(\cos\gamma)$ für grosse Werthe von n und $n\gamma$ wird auf die folgende Art erhalten: Die Bestandtheile des Integrals für $P_n(\cos\gamma)$ haben nur dann einen erheblichen Werth, wenn $\gamma - \psi$ klein ist; man setze daher $\gamma - \psi = \varphi$, und entwickle den Nenner von

$$P_n(\cos\gamma) = \frac{1}{\pi}\int_0^{\gamma} \frac{\cos k(\gamma - \varphi)\, d\varphi}{\sqrt{\sin\left(\gamma - \dfrac{\varphi}{2}\right)\sin\dfrac{\varphi}{2}}}$$

in eine Potenzreihe. Beschränkt man sich auf zwei Glieder, so wird

$$\frac{1}{\sqrt{\sin\left(\gamma-\frac{\varphi}{2}\right)\cdot\sin\frac{\varphi}{2}}} = \sqrt{\frac{2}{\sin\gamma}}\left(\frac{1}{\sqrt{\varphi}}+\frac{1}{4}\cot\gamma\cdot\sqrt{\varphi}\right).$$

Durch theilweises Integriren erhält man

$$\int\sqrt{\varphi}\cos k(\gamma-\varphi)d\varphi = -\sqrt{\varphi}\frac{\sin k(\gamma-\varphi)}{k}+\frac{1}{2k}\int\frac{\sin k(\gamma-\varphi)}{\sqrt{\varphi}}d\varphi.$$

Wird $k\gamma$ unendlich gross, so ist nach Art. 15, III

$$\int_0^\gamma\frac{\cos k(\gamma-\varphi)d\varphi}{\sqrt{\varphi}}=\sqrt{\frac{\pi}{k}}\cos\left(k\gamma-\frac{\pi}{4}\right),$$

$$\int_0^\gamma\frac{\sin k(\gamma-\varphi)}{\sqrt{\varphi}}d\varphi=\sqrt{\frac{\pi}{k}}\sin\left(k\gamma-\frac{\pi}{4}\right),$$

$$\int_0^\gamma\sqrt{\varphi}\cos k(\gamma-\varphi)d\varphi=\frac{1}{2k}\sqrt{\frac{\pi}{k}}\sin\left(k\gamma-\frac{\pi}{4}\right).$$

Für endliche Werthe von $k\gamma$ ist der Fehler im ersten Integrale

$$\frac{1}{\sqrt{k}}\int_{k\gamma}^\infty\frac{\cos(k\gamma-u)}{\sqrt{u}}du=\frac{1}{\sqrt{k}}\int_0^\infty\frac{\cos u}{\sqrt{k\gamma+u}}du,$$

woraus nach einer Umformung wie in Art. 15, III mit Zuziehung von Art. 7, I folgt, dass dieser Fehler kleiner ist als

$$\frac{1}{\sqrt{k}}\int_0^{\frac{\pi}{2}}\cos u\left(\frac{1}{\sqrt{k\gamma+u}}-\frac{1}{\sqrt{k\gamma+\pi-u}}\right)du,$$

welcher Ausdruck näherungsweise gleich ist

$$\frac{1}{2k^2\gamma^{\frac{3}{2}}}\int_0^{\frac{\pi}{2}}(\pi-2u)\cos u\,du=\frac{1}{k^2\gamma^{\frac{3}{2}}}.$$

Damit wird

$$P_n(\cos\gamma)=\sqrt{\frac{2}{k\pi\sin\gamma}}\left(\cos\left(k\gamma-\frac{\pi}{4}\right)+\frac{1}{8k}\cot\gamma\sin\left(k\gamma-\frac{\pi}{4}\right)\right).$$

Beschränkt man sich auf das erste Glied, so kann im Coefficienten n statt k gesetzt werden; dann ist

$$P_n(\cos\gamma) = \sqrt{\frac{2}{n\pi\sin\gamma}}\cos\left(\left(n+\tfrac{1}{2}\right)\gamma - \frac{\pi}{4}\right)$$

$$= \sqrt{\frac{2}{n\pi\sin\gamma}}\sin\left(\left(n+\tfrac{1}{2}\right)\gamma + \frac{\pi}{4}\right).$$

Durch Differentiation (oder nach Art. 20) erhält man

$$\frac{dP_n(\cos\gamma)}{d\gamma} = -\sqrt{\frac{2n}{\pi\sin\gamma}}\sin\left(\left(n+\tfrac{1}{2}\right)\gamma - \frac{\pi}{4}\right)$$

$$= \sqrt{\frac{2n}{\pi\sin\gamma}}\cos\left(\left(n+\tfrac{1}{2}\right)\gamma + \frac{\pi}{4}\right).$$

Aus diesen Näherungswerthen ist ersichtlich, dass die Wurzeln von $P_n(\cos\gamma)$ im Intervalle $\frac{\pi}{n}$ aufeinander folgen, und dass in der Mitte zwischen je zwei Wurzeln ein Maximum oder Minimum, d. i. eine Wurzel des Differentialquotienten von $P_n(\cos\gamma)$ liegt.

Dies gilt für grössere Werthe von ϑ auch für die Bessel'sche Function; denn nach den von Hansen auf 6 Decimalstellen berechneten Tafeln der Functionswerthe $J(\vartheta)$ von $\vartheta = 0$ bis $\vartheta = 20$ (abgedruckt in Lommels „Studien über die Bessel'schen Functionen") ergeben sich folgende Wurzelwerthe:

Wurzelwerthe	Differenz
2.404826	
5.520079	3.115253
8.653730	3.133651
11.791535	3.137805
14.930919	3.139384
18.071064	3.140145

wo die letzte Ziffer jedoch nicht verbürgt werden kann. Der Unterschied zweier aufeinander folgender Wurzeln nähert sich um so mehr der Zahl π, je grösser die Wurzeln werden.

Dritter Abschnitt.

Kugelfunctionen zweier Veränderlichen.

24. Das Potential v des Massenelementes μ', das in einem Punkte $(r', \vartheta', \varphi')$ vereinigt gedacht wird, auf den Punkt (r, ϑ, φ) ist durch

$$v = \frac{\mu'}{d}$$

gegeben. Ist $r < r'$, so wird

$$v = \frac{1}{r'} \sum_{n=0}^{n=\infty} P_n (\cos \omega) \left(\frac{r}{r'}\right)^n \mu';$$

ist $r > r'$, so wird

$$v = \frac{1}{r} \sum_{n=0}^{n=\infty} P_n (\cos \omega) \left(\frac{r'}{r}\right)^n \mu'.$$

Das Potential V einer beliebigen Masse, von welcher μ' ein Element ist, erhält man durch Summirung der Elementarpotentiale v. Bezeichnet man die auf alle Massenelemente erstreckte Summe von resp.

$$\frac{\mu'}{r'^{n+1}} P_n (\cos \omega) \quad \text{oder} \quad \mu' r'^n P_n (\cos \omega)$$

mit X_n, so erhält man für das Potential V resp.

$$\sum_{n=0}^{n=\infty} r^n X_n \quad \text{oder} \quad \sum_{n=0}^{n=\infty} \frac{X_n}{r^{n+1}}.$$

Liegt der Punkt (r, ϑ, φ) nicht in der wirkenden Masse, so ist

$$\frac{\partial^2 V}{\partial x^2} + \frac{\partial^2 V}{\partial y^2} + \frac{\partial^2 V}{\partial z^2} = 0,$$

oder in Polarcoordinaten ausgedrückt *)

$$\sin\vartheta\, r\, \frac{\partial^2(r\,V)}{\partial r^2} + \frac{\partial}{\partial\vartheta}\left(\frac{\partial V}{\partial\vartheta}\sin\vartheta\right) + \frac{1}{\sin\vartheta}\frac{\partial^2 V}{\partial\varphi^2} = 0;$$

setzt man die obigen Ausdrücke für V in diese Gleichung, und berücksichtigt man, dass sie für jeden Werth von r erfüllt werden muss, so erhält man für beide Formen von V die Gleichung

I) $\qquad n(n+1)\sin\vartheta X_n + \frac{\partial}{\partial\vartheta}\left(\sin\vartheta\,\frac{\partial X_n}{\partial\vartheta}\right) + \frac{1}{\sin\vartheta}\frac{\partial^2 X_n}{\partial\varphi^2} = 0.$

Da $P_n(\cos\omega)$ eine ganze Function von $\cos\vartheta$, $\sin\vartheta\cos\varphi$, $\sin\vartheta\sin\varphi$ ist, in deren einzelnen Gliedern die Summe der Exponenten n, $n-2,\ldots$, so gilt dies auch für X_n. Ein Integral der vorigen Differentialgleichung I) ist diese Function X_n.

Es möge nun allgemein eine „Kugelfunction X_n der n^{ten} Ordnung" jede ganze Function von $\cos\vartheta$, $\sin\vartheta\cos\varphi$, $\sin\vartheta\sin\varphi$ genannt werden, welche dieser Differentialgleichung I) genügt.

25. Aus der vorigen Definition einer Kugelfunction folgt:

I. Die Summe zweier oder mehrerer mit beliebigen Constanten multiplicirter Kugelfunctionen derselben Ordnung ist wieder eine Kugelfunction. Sind die Coefficienten einer Kugelfunction Functionen einer Grösse λ, so kann man die Kugelfunction zwischen beliebigen Grenzen, die aber von ϑ und φ unabhängig sind, integriren, das Resultat ist wieder eine Kugelfunction derselben Ordnung.

II. Es sei $X_n = X$ eine Kugelfunction der n^{ten} Ordnung, $Y_m = Y$ der m^{ten} Ordnung. Das Product $X\,Y$ mit dem Elemente der Kugelfläche $d\sigma$ vom Radius 1 multiplicirt und über die ganze Kugelfläche integrirt giebt Null. Das Flächenelement $d\sigma$ der Kugel kann als Rechteck betrachtet werden mit den Seiten $d\vartheta$ (Element der Poldistanz ϑ) und $\sin\vartheta\,d\varphi$ (Element des Bogens $\sin\vartheta\,\varphi$ des Parallelkreises), also $d\sigma = \sin\vartheta\,d\vartheta\,d\varphi$. Aus

$$n(n+1)\sin\vartheta X + \frac{\partial}{\partial\vartheta}\left(\sin\vartheta\,\frac{\partial X}{\partial\vartheta}\right) + \frac{1}{\sin\vartheta}\frac{\partial^2 X}{\partial\varphi^2} = 0$$

folgt

---

*) Die Umformung dieser Gleichung in Polarcoordinaten bietet keine Schwierigkeit, erfordert aber eine längere Rechnung. Dirichlet vermeidet (Vorlesungen . . .) diese durch Anwendung des Green'schen Satzes. In ganz ähnlicher Weise verfährt Riemann (Schwere, Electricität und Magnetismus) mittelst des Gauss'schen Satzes.

$$n(n+1)\int_0^\pi\int_0^{2\pi} X\,Y\sin\vartheta\,d\vartheta\,d\varphi =$$

$$-\int_0^\pi\int_0^{2\pi} Y\frac{\partial}{\partial\vartheta}\left(\sin\vartheta\,\frac{\partial X}{\partial\vartheta}\right)d\vartheta\,d\varphi - \int_0^\pi\int_0^{2\pi}\frac{1}{\sin\vartheta}\,Y\frac{\partial^2 X}{\partial\varphi^2}\,d\vartheta\,d\varphi\,.$$

Das letzte Integral ist deshalb nicht sinnlos, weil $\frac{\partial^2 X}{\partial\varphi^2}$ den Factor $\sin\vartheta$ hat. Das erste der beiden Integrale integrire man theilweise nach ϑ, das zweite nach φ. Es ist

$$\int_0^\pi Y\frac{\partial}{\partial\vartheta}\left(\sin\vartheta\,\frac{\partial X}{\partial\vartheta}\right)d\vartheta = Y\frac{\partial X}{\partial\vartheta}\sin\vartheta - \int_0^\pi\sin\vartheta\,\frac{\partial X}{\partial\vartheta}\,\frac{\partial Y}{\partial\vartheta}\,d\vartheta,$$

von 0 bis π verschwindet das integrirte Glied;

$$\int_0^{2\pi} Y\frac{\partial^2 X}{\partial\varphi^2}\,d\varphi = Y\frac{\partial X}{\partial\varphi} - \int_0^{2\pi}\frac{\partial X}{\partial\varphi}\,\frac{\partial Y}{\partial\varphi}\,d\varphi,$$

für $\varphi = 0$ und $\varphi = 2\pi$ nimmt das integrirte Glied gleiche Werthe an, verschwindet also von 0 bis 2π. Es ist daher

$$n(n+1)\int_0^\pi\int_0^{2\pi} X\,Y\sin\vartheta\,d\vartheta\,d\varphi =$$

$$\int_0^\pi\int_0^{2\pi}\left(\frac{\partial X}{\partial\vartheta}\,\frac{\partial Y}{\partial\vartheta}\sin\vartheta + \frac{1}{\sin\vartheta}\,\frac{\partial X}{\partial\varphi}\,\frac{\partial Y}{\partial\varphi}\right)d\vartheta\,d\varphi\,.$$

Den gleichen Werth erhält man aus

$$m(m+1)\sin\vartheta\,Y + \frac{\partial}{\partial\vartheta}\left(\sin\vartheta\,\frac{\partial Y}{\partial\vartheta}\right) + \frac{1}{\sin\vartheta}\,\frac{\partial^2 Y}{\partial\varphi^2} = 0$$

für

$$m(m+1)\int_0^\pi\int_0^{2\pi} X\,Y\sin\vartheta\,d\vartheta\,d\varphi\,.$$

Ist daher m von n verschieden, so muss

$$\int_0^\pi\int_0^{2\pi} X_n\,Y_m\sin\vartheta\,d\vartheta\,d\varphi = 0$$

sein. Vergl. Art. 19, Zusatz 1.

26. Die Formel

$$\int_0^{2\pi} \frac{d\varphi}{a - b \cos \varphi} = \frac{2\pi}{\sqrt{a^2 - b^2}}$$

kann umgeformt werden in

$$\int_0^{2\pi} \frac{d\varphi}{a - b \cos (\psi + \varphi)} = \frac{2\pi}{\sqrt{a^2 - b^2}},$$

denn $\cos (\psi + \varphi)$ nimmt im Intervalle $\varphi = 0$ bis $\varphi = 2\pi$ die-selben Werthe an wie $\cos \varphi$.

Zur Bestimmung des Integrals

$$\int_0^{2\pi} \frac{d\varphi}{A - B \cos \varphi - C \sin \varphi},$$

setze man

$$B = b \cos \psi, \qquad C = - b \sin \psi,$$

damit wird

$$\int_0^{2\pi} \frac{d\varphi}{A - B \cos \varphi - C \sin \varphi} = \int_0^{2\pi} \frac{d\varphi}{A - b \cos (\psi + \varphi)}$$

$$= \frac{2\pi}{\sqrt{A^2 - b^2}} = \frac{2\pi}{\sqrt{A^2 - B^2 - C^2}}.$$

Dieses Integral hat nur dann einen Sinn, wenn absolut $A > b$ ist. Setzt man A als reell, B und C als imaginär vor-aus, so kann $A - B \cos \varphi - C \sin \varphi$ nie Null werden, es ist daher

$$\int_0^{2\pi} \frac{d\eta}{A + iB \cos \eta + iC \sin \eta} = \frac{2\pi}{\sqrt{A^2 + B^2 + C^2}}.$$

Daraus erhält man, wenn

$$A = \cos \vartheta - \alpha \cos \vartheta'$$
$$B = \sin \vartheta \cos \varphi - \alpha \sin \vartheta' \cos \varphi'$$
$$C = \sin \vartheta \sin \varphi - \alpha \sin \vartheta' \sin \varphi'$$

gesetzt wird,

$$A^2 + B^2 + C^2 = 1 - 2\alpha \cos \omega + \alpha^2,$$

$$\cos \omega = \cos \vartheta \cos \vartheta' + \sin \vartheta \sin \vartheta' \cos (\varphi' - \varphi),$$

$$A + iB \cos \eta + iC \sin \eta =$$
$$\cos \vartheta + i \sin \vartheta \cos (\varphi - \eta) - \alpha (\cos \vartheta' + i \sin \vartheta' \cos (\varphi' - \eta))$$
$$= u - \alpha v.$$

Damit wird

$$T = \frac{1}{2\pi} \int_0^{2\pi} \frac{d\eta}{u - \alpha v} = \frac{1}{2\pi} \int_0^{2\pi} \left(\frac{1}{u} + \alpha \frac{v}{u^2} + \cdots \right) d\eta,$$

mithin

1) $$P_n (\cos \omega) = \frac{1}{2\pi} \int_0^{2\pi} \frac{v^n}{u^{n+1}} d\eta.$$

Setzt man

$$v^n = X_n - 2i X_n' \cos (\varphi' - \eta) - 2 X_n'' \cos 2 (\varphi' - \eta) - \cdots,$$
$$u^{-(n+1)} = Y_n - 2i Y_n' \cos (\varphi - \eta) - 2 Y_n'' \cos 2 (\varphi - \eta) - \cdots,$$

so sind die $X_n^{(r)}$ Functionen von ϑ' allein

„ $Y_n^{(r)}$ „ „ ϑ „ .

Bestimmt man das vorige Integral, so erhält man mit Berücksichtigung, dass

$$\int_0^{2\pi} \cos m (\varphi - \eta) \cos n (\varphi' - \eta) d\eta = 0,$$

$$\int_0^{2\pi} \cos n (\varphi - \eta) \cos n (\varphi' - \eta) d\eta = \pi \cos n (\varphi - \varphi'),$$

2) $$P_n (\cos \omega) = X_n Y_n - 2 X_n' Y_n' \cos (\varphi' - \varphi)$$
$$+ 2 X_n'' Y_n'' \cos 2 (\varphi' - \varphi) - \cdots$$

Die Gleichung 2) enthält das **Additionstheorem der Kugelfunctionen.**

Setzt man $\vartheta = 0$, so wird $\omega = \vartheta'$, $u = 1$; aus 1) folgt

$$P_n (\cos \vartheta') = \frac{1}{2\pi} \int_0^{2\pi} v^n d\eta = X_n.$$

Setzt man $\vartheta' = 0$, so wird $\omega = \vartheta$, $v = 1$; aus 1) folgt

$$P_n (\cos \vartheta) = \frac{1}{2\pi} \int_0^{2\pi} \frac{d\eta}{u^{n+1}} = Y_n.$$

Integrirt man 2) nach φ von 0 bis 2π, so erhält man

$$\int_0^{2\pi} P_n(\cos\omega)\,d\varphi = 2\pi\,X_n\,Y_n = 2\pi\,P_n(\cos\vartheta)\,P_n(\cos\vartheta'),$$

d. i. der Legendre'sche Satz[*]).

Zusatz. Setzt man in der Gleichung 1) für u und v ihre Werthe, für die Function $P_n(\cos\omega)$ die ihr gleichen Integrale des Art. 21, so erhält man: Ist

$$\cos\omega = \cos\vartheta\,\cos\vartheta' + \sin\vartheta\,\sin\vartheta'\,\cos(\varphi' - \varphi),$$

so ist

$$\int_0^{2\pi} \frac{(\cos\vartheta' + i\sin\vartheta'\cos(\varphi' - \eta))^n}{(\cos\vartheta + i\sin\vartheta\,\cos(\varphi - \eta))^{n+1}}\,d\eta$$

$$= \int_0^{2\pi}(\cos\omega + i\sin\omega\cos\eta)^n\,d\eta$$

$$= \int^{2\pi}(\cos\omega + i\sin\omega\cos\eta)^{-n-1}\,d\eta,$$

in welchen Formeln man statt $\cos\eta$, $\cos(\varphi - \eta)$, $\cos(\varphi' - \eta)$ auch $-\cos\eta$, $-\cos(\varphi - \eta)$, $-.\cos(\varphi' - \eta)$ setzen kann.

---

[*]) Nach C. G. J. Jacobi (Crelle, Journal für Mathematik, Bd. 26) bearbeitet.

Vierter Abschnitt.

Reihenentwicklung nach Kugelfunctionen.

—

27. Das Potential V einer homogenen Kugelfläche vom Radius Eins und der Dichte k auf einen Punkt $M = (\vartheta, \varphi)$, dessen Entfernung vom Mittelpunkt ϱ ist, ist

$$V_i = 4\pi k,$$

wenn der Punkt M im Innern;

$$V_a = \frac{4\pi k}{\varrho},$$

wenn der Punkt M ausserhalb der Kugelfläche liegt.

Ist der Punkt M in der Oberfläche, d. h. $\varrho = 1$, so ist

$$\frac{\partial V_a}{\partial \varrho} - \frac{\partial V_i}{\partial \varrho} = -4\pi k.$$

Dieser Satz gilt auch, wenn die Dichte k der Kugelfläche veränderlich, etwa

$$k = f(\vartheta, \varphi)$$

ist[*]). In diesem Falle ist das Massenelement

$$\mu' = k' d\sigma' = f(\vartheta', \varphi') \sin\vartheta' d\vartheta' d\varphi',$$

also

$$V_i = \sum_{n=0}^{n=\infty} \varrho^n \int\int f(\vartheta', \varphi') P_n(\cos\omega) \sin\vartheta' d\vartheta' d\varphi',$$

$$V_a = \sum_{n=0}^{n=\infty} \varrho^{-n-1} \int\int f(\vartheta', \varphi') P_n(\cos\omega) \sin\vartheta' d\vartheta' d\varphi',$$

woraus

---

[*]) Auch für eine beliebige Fläche.

$$f(\vartheta, \varphi) = \sum_{s=0}^{s=\infty} \frac{2n+1}{4\pi} \int \int f(\vartheta', \varphi') P_s(\cos \omega) \sin \vartheta' d\vartheta' d\varphi'$$

folgt. Die Doppelintegrale werden über die ganze Kugelfläche erstreckt.

Die Ableitung dieser Formel ist aber nicht strenge, weil die Convergenz der Reihenentwicklung von V_i und V_a für $\varrho = 1$ nicht nachgewiesen wurde, und selbst, wenn dies der Fall wäre, so würde daraus nicht die Convergenz der Differentialquotienten dieser Functionen für $\varrho = 1$ folgen.

Zur Begründung dieser Formel, welche die Entwicklung einer Function $f(\vartheta, \varphi)$ in eine Kugelfunctionenreihe enthält, wird analog wie in Art. 6 und 22 der umgekehrte Weg eingeschlagen*).

28. Es soll die Summe

$$S_n = X_0 + X_1 + \cdots + X_n,$$

$$X_n = \frac{2n+1}{4\pi} \int_0^\pi \sin \vartheta' d\vartheta' \left(\int_0^{2\pi} P_n(\cos \omega) f(\vartheta', \varphi') d\varphi' \right),$$

für $n = \infty$ bestimmt werden.

I. Man setze zunächst $\vartheta = 0$, auf diesen einfacheren Fall lässt sich der allgemeine leicht zurückführen. In diesem Falle wird $\omega = \vartheta'$, also

$$X_n = \frac{2n+1}{4\pi} \int_0^\pi \sin \vartheta' P_n(\cos \vartheta') d\vartheta' \left(\int_0^{2\pi} f(\vartheta', \varphi') d\varphi' \right).$$

---

*) Ueber die Geschichte des Beweises dieses Satzes möge mitgetheilt werden: Den ersten (aber misslungenen) Beweis hat S. D. Poisson durch Summirung der Reihe $X_0 + X_1 \alpha + \cdots + X_n \alpha^n + \cdots$ (Journal de l'École polytechnique, XIX cahier, auch noch in Théorie mathématique de la chaleur. Cap. VIII. Paris, 1835) geliefert. Dirichlet giebt in seiner Abhandlung „Sur les séries ..." (Crelle Journal, Bd. 17) 1837 einen Beweis, der auf der Summirung der Reihe $X_0 + X_1 + \cdots + X_n$ beruht. O. Bonnet beabsichtigt (Liouville Journal de Mathématiques Tome XVII, 1852) „einen neuen directeren Beweis zu geben". E. Heine erzählt (Handbuch der Kugelfunctionen, Bd. 1, II. Auflage, S. 434), „dass er vor längerer Zeit durch Kronecker darauf aufmerksam gemacht wurde, dass bei unserer heutigen Kenntniss von Eigenthümlichkeiten der Functionen auch Dirichlet's Beweis nicht mehr völlig genügt". Ulisse Dini erklärt in seiner Abhandlung „Sopra le serie di funzioni sferiche" (Annali di Matematica da Brioschi e Cremona. Serie II, Tomo VI, Mai 1874), dass ihm die gewöhnlichen Beweise von Dirichlet und Bonnet nicht ganz strenge scheinen, und giebt einen neuen Beweis, der in bedeutend vereinfachter Form hier mitgetheilt wird.

Setzt man der Kürze halber

$$\frac{1}{2\pi}\int_0^{2\pi} f(\theta',\varphi')\,d\varphi' = F(\theta'),$$

so wird

$$X_n = \frac{2n+1}{2}\int_0^{\pi}\sin\theta'\,P_n(\cos\theta')\,F(\theta')\,d\theta';$$

dabei bedeutet $F(\theta')$ den Mittelwerth aller Functionswerthe $f(\theta',\varphi')$ auf jener Kreislinie, welche um den Polpunkt A mit dem sphärischen Radius θ' beschrieben ist.

Im Folgenden soll der einfacheren Schreibweise wegen θ statt θ' gesetzt werden.

Aus der Gleichung Art. 18, III

$$(2n+1)P_n(x) = \frac{dP_{n+1}(x)}{dx} - \frac{dP_{n-1}(x)}{dx}$$

folgt, wenn $x = \cos\theta$ gesetzt wird,

$$(2n+1)\sin\theta\,P_n(\cos\theta) = \frac{dP_{n-1}(\cos\theta)}{d\theta} - \frac{dP_{n+1}(\cos\theta)}{d\theta};$$

damit wird

$$2X_n = \int_0^{\pi}F(\theta)\left(\frac{dP_{n-1}(\cos\theta)}{d\theta} - \frac{dP_{n+1}(\cos\theta)}{d\theta}\right)d\theta.$$

Setzt man in diesem Ausdrucke $n = 0, 1, 2 \ldots n$, so erhält man durch Addition

$$-2S_n = \int_0^{\pi}F(\theta)\left(\frac{dP_n}{d\theta} + \frac{dP_{n+1}}{d\theta}\right)d\theta.$$

Das erste der beiden Integrale

$$J_n = \int_0^{\pi}F(\theta)\,\frac{dP_n(\cos\theta)}{d\theta}\,d\theta$$

zerlege man in die drei Integrale

$$J_n = \int_0^{\eta} + \int_{\eta}^{\zeta} + \int_{\zeta}^{\pi},$$

wo mit n unendlich gross η und $\pi-\zeta$ unendlich klein und zugleich $n\eta$ und $n(\pi-\zeta)$ unendlich gross werden.

Zunächst soll das mittlere dieser drei Integrale bestimmt werden.

Die Function $F(\vartheta)$ werde im Intervalle von $\vartheta = 0$ bis $\vartheta = \pi$ endlich und abtheilungsweise stetig mit einer endlichen Anzahl von Maxima und Minima vorausgesetzt.

Sind $\alpha_1, \alpha_2, \ldots$ die Wurzeln der Function

$$\frac{d P_n (\cos \vartheta)}{d \vartheta}$$

im Intervalle $\vartheta = \eta$ bis $\vartheta = \zeta$, so erhält man (analog wie in Art. 8 und 23) für das Gebiet der Stetigkeit von $F(\vartheta)$ aus zwei aufeinander folgenden Theilintegralen

$$\int_{\alpha_{r-1}}^{\alpha_r} F(\vartheta) \frac{d P_n}{d \vartheta} d\vartheta = F(\beta_{r-1}) \left(P_n (\cos \alpha_r) - P_n (\cos \alpha_{r-1}) \right),$$

$$\int_{\alpha_r}^{\alpha_{r+1}} F(\vartheta) \frac{d P_n}{d \vartheta} d\vartheta = F(\beta_r) \left(P_n (\cos \alpha_{r+1}) - P_n (\cos \alpha_r) \right),$$

wo β_{r-1} und β_r Mittelwerthe von α_{r-1} bis α_r und α_r bis α_{r+1} bedeuten, ein Glied

$$P_n (\cos \alpha_r) \left(F(\beta_{r-1}) - F(\beta_r) \right);$$

die Summe dieser Glieder wird verschwindend klein, wenn n unendlich gross vorausgesetzt wird. Für die Sprungstellen sind die Beträge dieses Integrals verschwindend klein.

Es ist daher

$$J_n = \int_0^\eta + \int_\zeta^\pi.$$

Im Intervalle 0 bis η kann die Function $F(\vartheta)$ durch $F(0)$ ersetzt werden, es wird dann

$$\int_0^\eta F(\vartheta) \frac{d P_n}{d \vartheta} d\vartheta = F(0) (P_n (\cos \eta) - P_n (\cos 0)) = - F(0).$$

Analog mit dem Vorigen wird

$$\int_\zeta^\pi = (-1)^n F(\pi).$$

Es ist daher $\quad J_n = - F(0) + (-1)^n F(\pi).$

Ebenso erhält man

$$J_{n+1} = - F(0) + (-1)^{n+1} F(\pi),$$

also $\qquad\qquad S = F(0).$

4*

Für die Unendlichkeitstellen der Function $f(\vartheta, \varphi)$ auf der Kugelfläche ist eine besondere Untersuchung nöthig. Hier möge nur erwähnt werden: aus dem Näherungswerthe für den Differentialquotienten von $P_n(\cos\vartheta)$ (Art. 23, Zusatz) folgt, dass wenn im Bereiche von $\vartheta = c$

$$F(\vartheta) = \frac{A}{(\vartheta - c)^{\nu}},$$

wo A constant ist, gesetzt werden kann (vergl. Art. 8, III),

$$U = \int_{c}^{c+\varepsilon} F(\vartheta) \frac{dP_n}{d\vartheta} d\vartheta,$$

wenn $\varepsilon = n^{-\alpha}$, $\alpha < 1$ vorausgesetzt wird, U von der Ordnung wie $n^{\frac{1}{2} - \alpha(1-\nu)}$ wird, also (bei passender Wahl von α) verschwindet, wenn $\nu < \frac{1}{2}$, d. h. die Ordnungszahl des Unendlichwerdens von $F(\vartheta)$ im Bereiche von $\vartheta = c$ kleiner als $\frac{1}{2}$ ist.

Wird daher die Function $F(\vartheta)$ an einzelnen Stellen zwischen 0 und π — diese beiden Werthe ausgeschlossen — in der obigen Art unendlich gross, so ist der Grenzwerth S der Summe S_n gleich $F(0)$.

II. Der allgemeine Fall kann auf diesen speciellen (wo $\vartheta = 0$ gesetzt wurde) leicht zurückgeführt werden.

Dies geschieht entweder durch eine Coordinaten-Transformation, oder direct (nach Dirichlet) durch die Betrachtung der Bedeutung des allgemeinen Gliedes X_n. Das Doppelintegral X_n unterscheidet sich nur durch den Factor $P_n(\cos\omega)$, d. i. statt des Abstandes des Punktes M' von A wird der Abstand $M'M$ des Punktes M' von dem festen Punkt M genommen; d. h. statt des Punktes A erscheint der Punkt M als Anfang oder Pol. Die Summe der Reihe S ist daher der Mittelwerth aller Functionswerthe im Umfange eines um den Punkt (ϑ, φ) mit unendlich kleinem Radius beschriebenen Kreises. Ist die Function $f(\vartheta, \varphi)$ um diesen Punkt herum eindeutig, so stellt die Summe S diesen Functionswerth $f(\vartheta, \varphi)$ selbst dar.

Beispiel. Auf der Kugelfläche sei ein grösster Kreis als Theilungslinie gezogen, auf der einen Hälfte der Kugelfläche sei der Functionswerth a, auf der anderen Hälfte der Functionswerth b aufgetragen. Liegt die um den Punkt M mit dem Radius ϑ' beschriebene Kreislinie vollständig auf der ersten Hälfte, so ist $F(\vartheta') = a$, u. s. w. Liegt aber diese Kreislinie theils auf der einen, theils auf der anderen Hälfte, so wird $F(\vartheta')$ auf die folgende Art bestimmt. Liegt M auf der Hälfte mit den

Functionswerthen a, ist γ der Winkel der Bögen von M zu den Durchschnittspunkten der Kreislinie mit dem Theilungskreise, so ist

$$F(\vartheta') = \frac{a(2\pi - \gamma) + b\gamma}{2\pi} = a + \frac{b-a}{2\pi}\gamma,$$

wo γ durch den Abstand des Punktes M vom Theilungskreise bestimmt ist. Liegt M im Theilungskreise selbst, so ist $\gamma = \pi$, also $F(\vartheta') = \frac{1}{2}(a + b)$.

Zusatz 1. Wie man aus dem Vorhergehenden ersieht, genügt es bei der Auswerthung von S_n statt von $\vartheta' = 0$ bis $\vartheta' = \pi$ nur von 0 bis η zu integriren. Es ist daher diese Bestimmung ganz analog mit der der Fourier'schen Reihen.

Zusatz 2. Eine Function $f(\vartheta, \varphi)$ lässt sich nur auf eine Art in eine Kugelfunctionenreihe entwickeln. Denn wäre

$$f(\vartheta, \varphi) = X_0 + X_1 + \cdots$$
$$f(\vartheta, \varphi) = Y_0 + Y_1 + \cdots,$$

so wäre, $X_n - Y_n = T_n$ gesetzt, T_n ebenfalls eine Kugelfunction der n^{ten} Ordnung, also für alle Punkte der Kugelfläche

$$0 = T_0 + T_1 + \cdots + T_n + \cdots;$$

multiplicirt man diese Gleichung mit $T_m\,d\sigma$ und integrirt man über die ganze Kugelfläche, so wäre daher

$$0 = \sum \int T_n T_m \, d\sigma,$$

woraus nach Art. 25

$$\int T_m{}^2 d\sigma = 0, \quad \text{d. h.} \quad T_m = 0, \quad X_m = Y_m$$

folgt.

29. Ist $f(\vartheta, \varphi)$ eine Kugelfunction Y_m, so wird das allgemeine Glied

$$X_n = \frac{2n+1}{4\pi} \int Y_m' P_n (\cos \omega)\, d\sigma$$

nach Art. 25 immer Null, wenn n von m verschieden ist, man erhält daher aus der Reihenentwicklung nur ein Glied für $n = m$. Es ist daher

$$Y_m = \frac{2m+1}{4\pi} \int Y_m' P_m (\cos \omega)\, d\sigma,$$

das Integral über die ganze Kugeloberfläche erstreckt.

Mittelst dieses Satzes kann jede beliebige Kugelfunction Y_m der m^{ten} Ordnung so umgeformt werden, dass in keinem Gliede die Summe der Exponenten von $\xi = \cos\vartheta$, $\eta = \sin\vartheta\cos\varphi$, $\zeta = \sin\vartheta\sin\varphi$ die Zahl m überschreitet, und in den einzelnen Gliedern m, $m-2$, $m-4$, ... beträgt. Da $\xi^2 + \eta^2 + \zeta^2 = 1$ ist, so können überdies die Glieder mit der Exponentensumme $m-2$ durch Multiplication mit $\xi^2 + \eta^2 + \zeta^2$, die der Exponentensumme $m-4$ durch Multiplication mit $(\xi^2 + \eta^2 + \zeta^2)^2$, u. s. w. so umgeformt werden, dass die Kugelfunction Y_m eine homogene ganze Function der m^{ten} Ordnung von ξ, η, ζ wird.

Damit kann man den allgemeinen Ausdruck einer Kugelfunction X_n der n^{ten} Ordnung entwickeln. Denkt man sich die Potenzen $\cos\varphi^m$, $\sin\varphi^m$ durch die Cosinus und Sinus der Vielfachen von φ ausgedrückt, so kommen in X_n nur die $n$fachen vor, also kann

$$X_n = A_0 + A_1\cos\varphi + A_2\cos 2\varphi + \cdots + B_n\cos n\varphi$$
$$+ B_1\sin\varphi + B_2\sin 2\varphi + \cdots + B_n\sin n\varphi$$

gesetzt werden, wo A_s und B_s Functionen von ϑ sind, in welchen (wegen der Factoren $\cos s\varphi$ und $\sin s\varphi$, die aus den Potenzen von $\sin\vartheta\cos\varphi$, $\sin\vartheta\sin\varphi$ erhalten wurden) $\sin\vartheta^s$ als Factor erscheint. Setzt man den obigen Ausdruck X_n in die Differentialgleichung 1) des Art. 24, so erhält man, da die Coefficienten von $\cos s\varphi$ und $\sin s\varphi$ identisch gleich Null sein müssen,

$$(n(n+1)\sin\vartheta^2 - s^2)A_s + \sin\vartheta\, d\,\frac{\left(\sin\vartheta\dfrac{dA_s}{d\vartheta}\right)}{d\vartheta} = 0$$

$$(n(n+1)\sin\vartheta^2 - s^2)B_s + \sin\vartheta\, d\,\frac{\left(\sin\vartheta\dfrac{dB_s}{d\vartheta}\right)}{d\vartheta} = 0.$$

Jeden der beiden Coefficienten A_s und B_s kann man in der Form $\sin\vartheta^s U$ ausdrücken, wo U eine Function von $\cos\vartheta = x$ ist, welche der Gleichung

$$(1-x^2)U'' - 2(s+1)xU' + (n(n+1) - s(s+1))U = 0$$

genügt und nach x vom Grade $n-s$ ist.

Aus der Aehnlichkeit dieser Gleichung mit der des Art. 19 schliesst man, dass U die Form haben muss

$$U = K_0 x^{n-s} + K_2 x^{n-s-2} + \cdots$$

Zur Bestimmung der Coefficienten K erhält man die Gleichung

$$2k(2n-2k+1)K_{2k} + (n-s-2k+2)(n-s-2k+1)K_{2k-2} = 0,$$

woraus

$$K_{2k} = (-1)^k\frac{(n-s)(n-s-1)\cdots(n-s-2k+1)}{2^k k!(2n-1)(2n-3)\cdots(2n-2k+1)}K_0$$

folgt. Bezeichnet man den Factor von K_0 mit K'_{2k}, so erhält man für A_t und B_t Ausdrücke von der Form

$$K_0 \sin \vartheta^t (\cos \vartheta^{n-t} + K'_2 \cos \vartheta^{n-t-2} + \cdots),$$

wo K_0 eine willkürliche Constante bedeutet; bezeichnet man die auf A_t bezüglichen Constanten mit G_t, die auf B_t bezüglichen mit H_t, den Factor von K_0 mit U_t, so ist

$$A_t = G_t U_t, \quad B_t = H_t U_t,$$

mithin

$$X_n = G_0 U_0 + (G_1 \cos \varphi + H_1 \sin \varphi) U_1$$
$$+ (G_2 \cos 2\varphi + H_2 \sin 2\varphi) U_2 + \cdots + (G_n \cos n\varphi + H_n \sin n\varphi) U_n,$$

wo $G_0, G_1, H_1, \ldots G_n, H_n$ $2n+1$ unbestimmte constante Coefficienten sind.

Ist die Function X_n von φ unabhängig, so muss $G_1 = H_1 = \cdots = G_n = H_n = 0$ sein, dann wird

$$X_n = G_0 U_0;$$

da nun $P_n(\cos \vartheta)$ eine von φ unabhängige Kugelfunction ist, so muss

$$X_n = C P_n(\cos \vartheta)$$

sein, wo C eine Constante bedeutet. Vergl. Art. 17, 3) und Art. 19, für U_0 ist

$$C = \frac{n!}{1 \cdot 3 \cdot 5 \cdots (2n-1)}.$$

Zusatz. Multiplicirt man die homogene Function X_n der n^{ten} Ordnung der Grössen ξ, η, ζ mit ϱ^n, so wird $\varrho^n X_n$ eine homogene ganze Function n^{ter} Ordnung der rechtwinkligen Coordinaten x, y, z, welche der Gleichung

$$\frac{\partial^2 V}{\partial x^2} + \frac{\partial^2 V}{\partial y^2} + \frac{\partial^2 V}{\partial z^2} = 0$$

Genüge leistet. Umgekehrt: bestimmt man unter den obigen Voraussetzungen ein particuläres Integral dieser Gleichung, so erhält man nach Absonderung des Factors ϱ^n die Kugelfunction X_n[*]).

30. Sind in jedem Meridian die zu demselben ϑ gehörigen Functionswerthe $f(\vartheta, \varphi)$ einander gleich, d. h. ist auf jedem Parallelkreise ein constanter Functionswerth aufgetragen, so ist

$$F(\vartheta) = f(\vartheta),$$

---

[*]) Dirichlet „Vorlesungen ...“ von Grube. II. Auflage, S. 92.

wenn $f(\vartheta)$ stetig ist; hingegen an den Sprungstellen ist

$$F(\vartheta) = \frac{1}{2}\left(f(\vartheta - 0) + f(\vartheta + 0)\right)$$

zu setzen. Damit wird, wegen Art. 26,

$$\int_0^{2\pi} P_n(\cos\omega)\,d\varphi' = 2\pi P_n(\cos\vartheta)\,P_n(\cos\vartheta'),$$

$$X_n = \frac{2n+1}{2}\,P_n(\cos\vartheta)\int_0^{\pi} f(\vartheta')\,P_n(\cos\vartheta')\,\sin\vartheta'\,d\vartheta'.$$

Setzt man $\cos\vartheta = x$, $f(\vartheta) = \varphi(x)$, so ist $\varphi(x)$ eine von $x = -1$ bis $x = +1$ gegebene Function von x. Vertauscht man schliesslich $\varphi(x)$ mit $f(x)$, so erhält man folgenden Satz: Ist $f(x)$ eine von $x = -1$ bis $x = +1$ gegebene Function, welche abtheilungsweise stetig ist, so kann man dieselbe in eine Kugelfunctionenreihe

$$X_0 + X_1 + X_2 + \cdots$$

entwickeln, dabei ist

$$X_n = \frac{2n+1}{2}\int_{-1}^{+1} f(z)\,P_n(z)\,dz \cdot P_n(x),$$

oder

$$X_n = A_n P_n(x), \quad A_n = \frac{2n+1}{2}\int_{-1}^{+1} f(z)\,P_n(z)\,dz,$$

und diese Reihe liefert an allen Stellen, wo $f(x)$ stetig ist, diesen Functionswerth, an den Sprungstellen den Werth

$$\frac{1}{2}\left(f(x-0) + f(x+0)\right).$$

Zusatz. Man ersieht, dass die formale Bestimmung der Coefficienten der Kugelfunctionentwicklung der Function $f(x)$ ganz dieselbe ist, wie bei der Sinus- und Cosinusreihenentwicklung.

31. Beispiele. I. Es sei von $x = -1$ bis 0 $f(x) = a$, von $x = 0$ bis $+1$ $f(x) = b$.

$$\int_{-1}^{+1} f(z)\,P_n(z)\,dz = \int_{-1}^{0} + \int_{0}^{+1} = a\int_{-1}^{0} P_n(z)\,dz + b\int_{0}^{+1} P_n(z)\,dz,$$

$$(2n+1)\,P_n(z) = \frac{d\,P_{n+1}(z)}{dz} - \frac{d\,P_{n-1}(z)}{dz};$$

berücksichtigt man, dass $n + 1$ und $n - 1$ zugleich gerade und ungerade sind, so erhält man

$$A_n = \frac{a - b}{2}\left(P^{(0)}_{n+1} - P^{(0)}_{n-1}\right).$$

Es wird damit nach Art. 17

$$A_0 = \frac{a + b}{2}, \quad A_{2r} = 0,$$

$$A_{2r+1} = (-1)^{r+1}\frac{a - b}{2}\left(a_{r+1} + a_r\right);$$

für $x = 0$ liefert diese Reihe den Werth $\frac{a + b}{2}$.

II. Es sei $f(x) = x^m$. m eine positive ganze Zahl.

Da das erste Glied von $P_m(x)$ mit x^m beginnt, so kann man x^m durch $P_m(x)$ und x^{m-2}, x^{m-4}, $\cdots$; x^{m-2} wieder durch $P_{m-2}(x)$ und x^{m-4}, $\cdots$ u. s. w. ausdrücken; x^m erhält daher die Form

$$x^m = A_m P_m(x) + A_{m-2}P_{m-2}(x) + \cdots$$

Der Coefficient A_n wird

$$A_n = \frac{2n + 1}{2}\int\limits_{-1}^{+1} \varepsilon^m P_n(\varepsilon)\, d\varepsilon .$$

Ist $m + n$ ungerade oder $n > m$, so wird $A_n = 0$, ist $m + n$ gerade, so wird

$$A_n = (2n + 1)\int\limits_0^1 \varepsilon^m P_n(\varepsilon)\, d\varepsilon = \frac{2n + 1}{2^n n!}\int\limits_0^1 \varepsilon^m \frac{d^n(\varepsilon^2 - 1)}{d\varepsilon^n}\, d\varepsilon ;$$

das Integral n mal theilweise integrirt, giebt

$$(-1)^n m(m - 1) \cdots (m - n + 1)\int\limits_0^1 \varepsilon^{m-n}(\varepsilon^2 - 1)^n\, d\varepsilon$$

oder $\varepsilon^2 = y$ gesetzt, wird

$$A_n = \frac{1}{2}\frac{(2n + 1)m!}{2^n n!(m - n)!}\int\limits_0^1 y^{\frac{m-n+1}{2} - 1}(1 - y)^n\, dy,$$

$$A_n = \frac{1}{2}\frac{(2n + 1)m!}{2^n n!(m - n)!}\cdot\frac{\Gamma\frac{m - n + 1}{2}\,\Gamma n + 1}{\Gamma\frac{m + n + 3}{2}},$$

$$\Gamma\frac{m+n+3}{2} = \frac{m+n+1}{2}\cdot\frac{m+n-1}{2}\cdots\frac{m-n+1}{2}\cdot\Gamma\frac{m-n+1}{2}.$$

$$A_n = (2n + 1)\frac{m(m - 1)\cdots(m - n + 2)}{(m + n + 1)(m + n - 1)\cdots(m - n + 3)},$$

woraus

$$x^m = \frac{m!}{1 \cdot 3 \cdot 5 \cdots (2m-1)}\left(X_m + \frac{2m-3}{2}X_{m-2} + \cdots\right).$$

III. Entwicklung von $\sin m\vartheta$.

$$X_n = \frac{2n+1}{2}\int_0^\pi P_n(\cos\vartheta)\sin m\vartheta \sin\vartheta\, d\vartheta.$$

Setzt man

$$2\sin m\vartheta \sin\vartheta = \cos(m-1)\vartheta - \cos(m+1)\vartheta$$

und für $P_n(\cos\vartheta)$ den Werth aus Art. 17, 4), so sind nur jene Theile des Integrales von Null verschieden, wo

$$m - 1 = n - 2s \quad \text{oder} \quad m + 1 = n - 2s.$$

Daraus folgt

$$\frac{4A_n}{2n+1} = \left(a_{\frac{n-m+1}{2}} a_{\frac{n+m-1}{2}} - a_{\frac{n-m-1}{2}} a_{\frac{n+m+1}{2}}\right)\pi.$$

Umständlicher ist die Entwicklung von $\cos m\vartheta$ nach dieser Methode; man kann aber $\cos m\vartheta$ durch eine ganze Function von $\cos\vartheta = x$ ausdrücken, deren Glieder vom Grade resp. m, $m-2, \ldots$ sind, und dann auf die Potenzen x^m, $x^{m-2}, \ldots$ die Aufgabe II anwenden.

IV. Es sei von $x = -1$ bis $x = 0$ $f(x) = 0$, von $x = 0$ bis $x = +1$ $f(x) = x$.

$$2A_n = (2n+1)\int_0^1 z P_n(z)\, dz.$$

Nach Art. 20 erhält man

$$(2n+1)\int z P_n(z)\, dz = \frac{n+1}{2n+3}P_{n+2}(z)$$
$$+ \frac{2n+1}{(2n-1)(2n+3)}P_n(z) - \frac{n}{2n-1}P_{n-2}(z),$$

$$A_{2r+1} = 0,$$

$$A_{2r} = \frac{(-1)^r}{2}\left(\frac{2r+1}{4r+3}a_{r+1} - \frac{4r+1}{(4r-1)(4r+3)}a_r - \frac{2r}{4r-1}a_{r-1}\right).$$

V. Addirt man die allgemeinen Glieder von I und IV, so erhält man eine Kugelfunctionenreihe, welche innerhalb $x = -1$ bis $x = 0$ den Werth a, für $x = 0$ den Werth $\frac{a+b}{2}$, innerhalb $x = 0$ bis $x = +1$ den Werth $b + x$ liefert.

Anhang.

Das Integral

$$\int_0^\infty \frac{\sin x}{x}\, dx = \frac{\pi}{2}$$

lässt sich auf folgende Arten bestimmen.

I. Man zerlege das Integral in Theile mit dem Grenzenintervalle π und setze im Theile

$$\int_{r\pi}^{(r+1)\pi} \frac{\sin x}{x}\, dx$$

$x = r\pi + \varepsilon$, wenn r gerade, $x = (r+1)\pi - \varepsilon$, wenn r ungerade ist; es wird dann

$$\int_0^\infty \frac{\sin x}{x}\, dx = \int_0^\pi f(\varepsilon) \sin \varepsilon\, d\varepsilon,$$

$$f(\varepsilon) = \frac{1}{\varepsilon} - \frac{1}{2\pi - \varepsilon} + \frac{1}{2\pi + \varepsilon} - \cdots$$

Differenzirt man den Logarithmus von

$$\sin \varepsilon = \varepsilon \left(1 - \frac{\varepsilon}{\pi}\right)\left(1 + \frac{\varepsilon}{\pi}\right)\left(1 - \frac{\varepsilon}{2\pi}\right)\left(1 + \frac{\varepsilon}{2\pi}\right)\cdots,$$

so erhält man

$$\cot \varepsilon = \frac{1}{\varepsilon} - \frac{1}{\pi - \varepsilon} + \frac{1}{\pi + \varepsilon} - \cdots,$$

also $f(\varepsilon) = \frac{1}{2} \cot \frac{\varepsilon}{2}$ und

$$\int_0^\infty \frac{\sin x}{x}\, dx = \int_0^\pi \frac{1}{2} \sin \varepsilon \cot \frac{\varepsilon}{2}\, d\varepsilon = \int_0^\pi \cos \frac{\varepsilon^2}{2}\, d\varepsilon = \frac{\pi}{2}.$$

$$\text{II.} \qquad \int_0^\infty e^{-ax} \frac{\sin bx}{x} \, dx,$$

wo a positiv ist, werde mit $f(b)$ bezeichnet; es ist dann

$$f'(b) = \int_0^\infty e^{-ax} \cos bx \, dx = \frac{a}{a^2 + b^2},$$

$$f(b) = \text{arc tan } \frac{b}{a};$$

die Integrationsconstante ist Null, wegen $f(0) = 0$.

Setzt man a als sehr klein voraus, so kann für endliche Werthe von x $e^{-ax} = 1$ gesetzt werden, für grosse Werthe von x, wo ax endlich ist oder grosse Werthe annimmt, werden die Functionswerthe unter dem Integralzeichen, die im Intervalle $\frac{\pi}{b}$ das Zeichen wechseln, sehr klein; man erhält daher für verschwindend kleine Werthe von a

$$\int_0^\infty \frac{\sin bx}{x} \, dx = \pm \frac{\pi}{2},$$

das obere Zeichen für positive, das untere Zeichen für negative Werthe von b genommen.